油气田生产岗位
危害识别与评价手册

穆　剑　主编

石油工业出版社

内 容 提 要

本手册介绍了油气生产过程中危害辨识与评价的方法和内容,阐述了原油生产岗位和天然气生产岗位主要的危害因素,并介绍了相应的控制措施。

本手册可供油气田企业的管理者、安全技术人员和从事安全生产管理工作的人员阅读、使用。

图书在版编目(CIP)数据

油气田生产岗位危害识别与评价手册/穆剑主编.
北京:石油工业出版社,2012.4
ISBN 978 – 7 – 5021 – 8960 – 0

Ⅰ. 油…

Ⅱ. 穆…

Ⅲ. ①油气田 – 职业危害 – 识别 – 手册
②油气田 – 职业危害 – 评价 – 手册

Ⅳ. TE48 – 62

中国版本图书馆 CIP 数据核字(2012)第 037527 号

出版发行:石油工业出版社
        (北京安定门外安华里2区1号   100011)
        网   址:www.petropub.com.cn
        编辑部:(010)64523553   发行部:(010)64523620
经   销:全国新华书店
印   刷:北京中石油彩色印刷有限责任公司
2012 年 4 月第 1 版   2012 年 4 月第 1 次印刷
787 × 1092 毫米   开本:1/16   印张:10.75
字数:251 千字
定价:40.00 元
(如出现印装质量问题,我社发行部负责调换)

《油气田生产岗位危害识别与评价手册》
编　委　会

主　编：穆　剑

副主编：魏云峰

编　委：黄山红　李新疆　苗文成　王增志　刘　洋

　　　　李志铭　李旭光　李　青　万　涛　张景山

　　　　陈利琼　张　伟　李模刚

前　言

　　安全生产是石油、天然气生产企业赖以生存和发展的基础和保障,是企业的生命线和永恒主题。石油天然气生产涉及的行业和职业范围广,生产条件严格,生产布点分散,过程连续性强,原料及产品多为易燃易爆、有毒有害或有腐蚀性的物质,生产技术复杂,设备种类繁多,稍有不慎,易发生安全事故,造成人员伤亡和国家财产损失。因此,作为高风险行业,安全生产始终是石油天然气生产企业的核心问题之一。

　　中国石油勘探与生产分公司为更好地促进各油田进一步加强安全生产保障,有效规避和控制生产风险,努力实现"零事故、零伤害、零损失"的目标,组织编制了《油气田生产岗位危害识别与评价手册》。该手册可指导各基层单位通过运用科学方法,全面识别出每个生产环节和生产操作的风险,并据此制定有针对性的防范措施,将安全生产提高到新的水平。

　　本手册针对我国油气田危害识别的现状,从系统安全工程角度出发,分析了油气生产过程各环节和不同生产岗位中的危害因素;并结合油气田生产实例介绍了常用危害识别方法;针对各种危害,给出了控制手段及紧急应对措施。本手册理论性和操作性较强,对油气田生产岗位危害识别、危险等级判定及消减措施制定等具有指导和借鉴作用。本手册只适用于油气田公司固定场所油气生产岗位的危害辨识,不适用于常规和非常规作业活动。同时,由于各油气生产单位的生产工艺和岗位设置存在差异,本手册可能存在岗位不全面的情况。本手册不包括对第三方影响的危害因素分析。在调研过程中,得到了中国石油塔里木油田公司开发事业部、天然气事业部安全管理人员、技术人员的大力支持和帮助,在此致以衷心的感谢。

　　限于各种原因,书中疏漏、欠妥之处在所难免,希望广大读者批评指正。

编　者

2011 年 12 月

目　　录

第一章 概　　述

第一节　我国油气田生产危害识别概况

石油天然气行业作为关系国民经济发展和国家战略安全的基础性产业，涉及工业、农业、国防、科技等各个领域，由于产品的特殊性质，从其诞生之日起，其安全生产就得到相关部门的高度重视，成为管理的重点与难点。

石油、天然气生产具有高温高压、易燃易爆、有毒有害等特点，属高风险行业。特别是进入 20 世纪 80 年代末期，随着石油企业生产规模的不断扩大，安全生产所面临的问题也愈加突出，泄漏、污染、中毒及火灾、爆炸等事故时有发生，造成了严重的直接经济损失、人员伤亡和环境破坏。

在石油天然气行业，小的危害即可酿成重大事故。因此，相关企业应高度重视事故的预防工作，提前对生产过程中各岗位和相关设备进行危害辨识，并据此有的放矢地采取有效防范措施，防患于未然，将事故扼杀在萌芽状态。

目前，我国陆上有规模大小不等的油（气）田生产企业 20 多个，油气田生产的危害识别与控制已成为安全生产管理的重要工作之一。1997 年，中国石油天然气集团公司大力推行 HSE 管理体系，建立了危险、危害因素辨识制度，将危险、危害因素辨识工作纳入企业基层安全生产管理工作之中。经过十余年的系统发展，油气田生产的危险、危害因素识别工作取得显著成效，但也暴露出一些问题，如个别油气生产基层单位的现场管理人员对危险、危害因素辨识方法并没有完全掌握和理解，制定的危害识别及控制的方法笼统、粗糙、片面等，因此危险、危害因素识别工作还需进一步细化和提高。

第二节　系统安全工程

20 世纪 60 年代，逐步形成了一门新的学科——系统安全工程，该学科是系统理论思想和风险管理理论在安全工作中应用实践的总结，已在世界各国得到广泛的推广和应用。

系统安全工程运用科学理论和工程技术手段辨识、消除或控制系统中的危险源。系统安全工程理论强调危险源辨识、危险性评价、危险源控制。它既是一个有机的整体，也是一个循环发展的过程，强调通过全员、全过程、全方位的不断努力，实现系统安全水平的不断提高。其基本内容包括：

（1）危险源辨识，即发现、识别系统中的危险源。系统安全分析是危险源辨识的主要方法。

（2）危险性评价，即评价危险源导致事故、造成人员伤害或财产损失的危险程度。危险源的危险性评价包括对危险源自身危险性的评价和对危险源控制措施效果的评价两方面。

（3）危险源控制，即利用工程技术和管理手段消除、控制危险源，防止危险源导致事故、造成人员伤害和财物损失。危险源控制技术包括防止事故发生的安全技术和避免或减少事故损失的安全技术。

油气田生产岗位危害识别与控制属于系统安全工程范畴，其目的是结合目前我国各油气生产单位的生产现状，总结先进安全管理经验，进一步提高和完善油气田生产岗位危害识别与控制的管理水平。

系统安全工程的基本概念如下：

（1）安全：在人类生产过程中，将系统的运行状态对人类的生命、财产、环境可能产生的损害控制在人类能接受水平以下的状态。

（2）安全隐患：生产经营单位违反安全生产法律、法规、规章、标准、规程、安全生产管理制度的规定，或者其他因素在生产经营活动中存在的可能导致不安全事件或事故发生的不安全状态、人的不安全行为和管理上的缺陷。从性质上分为一般安全隐患和重大安全隐患。

（3）危险：某一系统、设备、产品或操作的内部或外部的一种潜在的、可能造成人员伤害、职业病、财产损失、作业环境破坏等不良后果的条件或状态。危险的后果是事故，即危险受到某种因素的刺激就会转化为事故。事故是指生产经营单位在生产经营活动（包括与生产经营有关的活动）中突然发生的、伤害人身安全和健康，或者损坏设备设施造成经济损失的，导致原生产经营活动（包括与生产经营活动有关的活动）暂时中止或永远终止的意外事件。

（4）风险：人们在生产建设和日常生活的某项活动中，在一定时间内可能带来的人身伤亡、财产受损及其他经济损失等危害，这种危害不仅取决于事件发生的频率，而且与事件发生后造成的后果大小有关，是事故发生频率和事故后果的函数。国内外一些安全标准中，把风险定义为"用危险可能性和危险严重性表示的发生事故的可能程度"。风险是针对危险而言的，表明了危险、危害因素存在的可能，所以也称"安全风险"。

（5）危害：可能带来人员伤害、职业病、财产损失或作业环境破坏的根源或状态。从本质上讲，危害可以理解为危险源或事故隐患，包括存在能量、有害物质和能量、有害物质失去控制而导致的意外释放或有害物质的泄漏、散发这两方面因素。危害不仅存在，而且形式多样，很多危害不是很容易就被人们发现，人们要采取一些特定的方法对其进行识别，并判定其可能导致事故的种类和导致事故发生的直接因素，这一识别过程就是危害识别。危害识别是控制事故发生的第一步，只有识别出危害的存在，找出导致事故的根源，才能有效地控制事故的发生。

危害、危险和风险都是系统安全工程的常用术语，这是几个容易混淆的概念。它们之间有如下区别与联系：

危害是物体或系统的本质属性，只要物体或系统存在，某些危害就存在，与物体或系统所处的阶段无关，即危害无关时间，本质存在。

危险是物体或系统在某时刻的一种特定条件或状态，即危险与时刻相关，可能随时间的变化而出现或消失。

　　风险度量的是某段时间内事故发生的概率和后果大小，风险大小与系统属性和状态都有关，由于属性无法改变，因此不管系统处于什么样的状态，风险都永远存在，只是风险大小会随系统所处阶段变化而变化。可见，风险与危害和危险相关，但风险永远无法消失，且与时间段相关。因此，风险控制属于过程控制。

第二章　油气生产过程危害因素分析

油气生产过程分布在油田各个区域，比较分散，在安全管理上难度较大。油气生产设备比较集中，生产介质易燃易爆，工艺技术复杂，生产连续性强及火灾危险性大等特点，使其构成了一个庞大、复杂而危险的系统，这个系统中任一环节出现故障或发生事故，都可能影响整个油田的生产。因此，应充分分析油气生产过程中每一环节的危害因素，并采取措施，保证生产中系统的正常状态，以保持系统生产的连续性。

第一节　油气生产过程危害因素分类

油气生产系统危害因素分类总体上包括两部分内容，即系统内在风险和外部环境对系统的影响。系统内在风险主要取决于生产物料和生产设施两个方面，人的不安全行为是这种危险发展为事故的诱导因素；外部环境对系统的影响是指系统所处区域的自然环境、社会环境对系统安全的影响，反过来，系统安全风险又对外部环境发生作用。对危害因素进行分类，是为了便于进行危害因素辨识和分析。

危害因素的分类方法有许多种，这里简单介绍按导致事故和职业危害的直接原因进行分类的方法以及参照事故类别、职业病类别进行分类的方法。

一、按导致事故和职业危害直接原因（物的不安全状态）分类

根据 GB/T 13861《生产过程危险和有害因素分类与代码》的规定，将生产过程中的危险和有害因素分为四类。此种分类方法所列危险和有害因素具体、详细、科学合理，适用于各企业在规划、设计和组织生产时对危害因素的辨识和分析。在危害辨识过程中可以依据表2.1.1 所列项目逐项进行检查核对。

表 2.1.1　生产过程危害因素分类

序号	危害因素	说　明
1		人 的 因 素
1.1	心理、生理性危险和有害因素	负荷超限（体力、听力、视力、其他负荷超限）、健康状况异常、从事禁忌作业、心理异常（情绪异常、冒险心理、过度紧张、其他）、辨识功能缺陷（感知延时、辨识错误、其他）、其他
1.2	行为性危险和有害因素	指挥错误（指挥失误、违章指挥、其他）、操作错误（误操作、违章作业、其他）、监护失误、其他
2		物 的 因 素
2.1	物理性危险和有害因素	设备、设施、工具附件缺陷（强度或刚度不够、稳定性差、密封不良、耐腐蚀性差、应力集中、外形缺陷、外露运动件、操纵器缺陷、制动器缺陷、控制器缺陷、保险装置缺陷、其他）、防护缺陷（无防护、防护装置设施缺陷、防护不当、支撑不当、安全防护距离不够、其他）、电伤害（带电部位裸露、漏电、静电和杂散电流、电火花、其他）、噪声、振动、电离辐射、非电离辐射、运动物伤害（抛射物、飞溅物、坠落物、反弹物、岩土滑动、料堆滑动、气流卷动等）、明火、高温物质、低温物质、报警等信号缺陷、安全标志缺陷、有害光照、其他

续表

序号	危害因素	说　明
2.2	化学性危险和有害因素	爆炸品、压缩气体和液化气体、易燃液体、易燃固体、自燃物品和遇湿易燃物品、氧化剂和有机过氧化物、有毒品、放射性物品、腐蚀品、粉尘和气溶胶、其他
2.3	生物性危险和有害因素	致病微生物、传染病媒介物、致害动物、致害植物、其他
3	环境因素	室内作业场所环境不良、室内作业场地环境不良、地下作业环境不良、其他
4	管理因素	职业安全卫生组织结构不健全、职业安全卫生责任制未落实、职业安全卫生管理规章制度不完善、职业安全卫生投入不足、职业健康管理不完善、其他管理缺陷

二、按事故类别（人的不安全行为）、职业病类别进行分类

（1）参照 GB 6441《企业职工伤亡事故分类》，综合考虑起因物、引起事故的先发的诱导性原因、致害物、伤害方式等，将危害因素分为 20 类。结合油气田生产岗位的危害因素特点识别出可能存在的 16 种事故类型（表 2.1.2），此种分类方法所列危害因素全面，针对性强，适用于各企业在作业分析、事故分析时对危害因素的辨识。

表 2.1.2　事故原因危害因素分类

序号	危害因素	说　明
1	物体打击	物体在重力或其他外力的作用下产生运动，打击人体造成人身伤亡事故，不包括因机械设备、车辆、起重机械、坍塌等引发的物体打击
2	车辆伤害	企业机动车辆在行驶中引起的人体坠落和物体倒塌、飞落、挤压伤亡事故，不包括起重设备提升、牵引车辆和车辆停驶时发生的事故
3	机械伤害	机械设备运动（静止）部件、工具、加工件直接与人体接触引起的夹击、碰撞、剪切、卷入、绞、碾、割、刺等伤害，不包括车辆、起重机械引起的机械伤害
4	起重伤害	各种起重作业（包括起重机安装、检修、试验）中发生的挤压、坠落、（吊具、吊重）物体打击和触电
5	触电	人体触及带电体，电流会对人体造成各种不同程度的伤害，其中包括雷击伤亡事故
6	淹溺	包括高处坠落淹溺，不包括矿山、井下透水淹溺
7	灼烫	指火焰烧伤、高温物体烫伤、化学灼伤（酸、碱、盐、有机物引起的体内外灼伤）、物理灼伤（光、放射性物质引起的体内外灼伤），不包括电灼伤和火灾引起的烧伤
8	火灾	失去控制并对财物和人身造成损害的燃烧现象
9	高处坠落	在高处作业中发生坠落造成的伤亡事故，不包括触电坠落事故
10	坍塌	物体在外力或重力作用下，超过自身的强度极限或因结构稳定性被破坏而造成的事故，如挖沟时的土石塌方、脚手架坍塌、堆置物倒塌等，不适用于车辆、起重机械、爆破引起的坍塌
11	放炮	爆破作业中发生的伤亡事故
12	火药爆炸	火药、炸药及其制品在生产、加工、运输、贮存中发生的爆炸事故

序号	危害因素	说　　明
13	化学性爆炸	可燃性气体、粉尘等与空气混合形成爆炸性混合物，在接触引爆能源时发生的爆炸事故（包括气体分解、喷雾爆炸）
14	物理性爆炸	包括锅炉爆炸、容器超压爆炸、轮胎爆炸等
15	中毒和窒息	包括中毒、缺氧窒息、中毒性窒息
16	其他伤害	除上述以外的危害因素，如摔、扭、挫、擦、刺、割伤和非机动车碰撞、轧伤等

（2）参照国家卫生部颁发的《职业病危害因素分类目录》，将危害因素分为 10 类，包括粉尘类、放射性物质类（电离辐射）、化学物质类、物理因素（高温、高气压、低气压、局部振动）、生物因素、导致职业性皮肤病的危害因素、导致职业性眼病的危害因素、导致职业性耳鼻喉口腔疾病的危害因素、导致职业性肿瘤的职业病危害因素、其他危害因素等。

第二节　不同生产过程危害因素

一、油气生产过程中的危险性物质

油气生产过程所涉及的危险物质主要是原油和天然气。

（一）原油

原油是多种碳氢化合物混合组成的可燃性液体，化学组成一般为碳 83% ~ 87%，氢 10% ~ 14%，其他硫、氧、氮三种元素约 1% ~ 4%。原油颜色多是黑色或深棕色，少数为暗绿色、赤色和黄色，并有一些特殊气味。原油中所含的胶质和沥青质越多，颜色越深，其油品特有的气味越浓；含的硫化物、氮化物越多，则气味越臭。不同油田生产的原油所含轻质成分和重质成分的比例不同，其性质差别也较大。原油的相对密度和凝固点与原油的组分有关，重组分多的原油相对密度大，轻组分多的原油相对密度小；原油中含蜡量越多，凝固点越高。我国原油按其关键组分分为凝析油、石蜡基油、混合基油和环烷基油四类。密度小于 $0.82g/cm^3$ 的原油为凝析油类，其他三类各按其密度大小再分为两个等级。

原油火灾危险性为甲 B 类，燃烧热为 41 410kJ/kg。原油理化性质、危害特性及防护措施见表 2.2.1。

表 2.2.1　原油理化性质、危害特性及防护措施

	危险货物编号	32003	CAS 号	8030 – 30 – 6
理化常数	中文名称	原油	英文名称	petroleum
	沸点	常温 ~ 500℃	闪点	– 6.6 ~ 32.2℃
	凝固点	—	溶解性	不溶于水，溶于苯、乙醚、三氯甲烷、四氯化碳等有机溶剂
	相对密度	0.78 ~ 0.97（水 = 1）	稳定性	稳定
	爆炸极限	1.1% ~ 8.7%（体积分数）	自燃温度	280 ~ 380℃
	外观与性状	一种从地下深处开采出来的黄色、褐色乃至黑色的可燃性黏稠液体。胶质、沥青质含量越高，颜色越深。性质因产地而异		

续表

主要用途	主要用于生产汽油、航空煤油、柴油等发动机燃料以及液化气、石脑油、润滑油、石蜡、沥青、石油焦等，通过其馏分的高温热解，还用于生产乙烯、丙烯、丁烯等基本有机化工原料
危险特性	危险性类别：第3.2类（易燃液体）。 易燃，蒸气与空气能形成爆炸性混合物，遇明火、高热能引起燃烧爆炸。与硝酸、浓硫酸、高锰酸钾、重铬酸盐等强氧化剂接触会剧烈反应，甚至发生燃烧爆炸
健康危害	毒性：Ⅳ（轻度危害），属低毒类。 侵入途径：吸入、食入、经皮肤吸收。 健康危害：未见原油引起急慢性中毒的报道。原油在分馏、裂解和深加工过程中的产品和中间产品表现出不同的毒性。长期接触可引起皮肤损害
泄漏应急处理	根据液体流动和蒸气扩散的影响区域划定警戒区，无关人员从侧风、上风向撤离至安全区。消除所有点火源。应急人员应戴全面罩防毒面具，穿防火服。使用防爆等级达到要求的通信工具。采取关闭阀门或堵漏等措施切断泄漏源。如果槽车或储罐发生泄漏，可通过倒罐转移尚未泄漏的液体。构筑围堤或挖坑收容泄漏物，要防止流入河流、下水道、排洪沟等地方。收容的泄漏液用防爆泵转移至槽车或专用收集器内。用砂土吸收残液。如果海上或水域发生溢油事故，可布放围油栏引导或遏制溢油，防止溢油扩散，使用撇油器、吸油棉或消油剂清除溢油
防护措施	工程控制：生产过程密闭，全面通风。 呼吸系统防护：空气中浓度超标时，佩戴自给正压呼吸器。 眼睛防护：必要时，戴化学安全防护眼镜。 身体防护：穿防护服。 手防护：戴橡胶手套。 其他：工作现场严禁吸烟。避免长期反复接触
急救措施	皮肤接触：脱去污染的衣着，用肥皂水及清水彻底冲洗。 眼睛接触：立即提起眼睑，用流动清水冲洗。 吸入：迅速脱离现场至空气新鲜处。注意保暖，呼吸困难时给输氧。呼吸停止时，立即进行人工呼吸。就医。 食入：误服者给充分漱口、饮水。就医
灭火方法	消防人员须穿全身防火防毒服，佩戴自给正压呼吸器，在上风向灭火。喷水冷却燃烧罐和临近罐，直至灭火结束。处在火场中的储罐若发生异常变化或发出异常声音，须马上撤离。着火油罐出现沸溢、喷溅前兆时，应立即撤离。 灭火剂：泡沫、干粉、砂土、二氧化碳
储存注意事项	禁止使用易产生火花的机械设备和工具。储区应备有泄漏应急处理设备和合适的收容材料

原油的危险性主要表现在以下几个方面：

（1）易燃性。原油具有闪点、燃点和自燃点比较低的特性。原油在一定温度条件下可以燃烧。通常，原油遇热后会蒸发产生易燃性油蒸气，这种油蒸气与空气混合后会形成燃烧性混合物。当这种混合物达到一定浓度时，遇火源便可燃烧，原油的这种燃烧称作蒸发燃烧。蒸发燃烧不同于一般可燃气体的燃烧，它有着独特的燃烧方式。蒸发燃烧时液体本身并没有燃烧，它所燃烧的只是由液体蒸发后产生的可燃蒸气。它的燃烧过程是，当可燃蒸气着火后，液体的温度会不断升高，这便进一步加热了可燃液体的表面，从而加速了液体中油蒸气的再次蒸发，促使燃烧继续保持或蔓延扩大。

（2）易爆炸性。原油及其产品的油蒸气和空气混合达到爆炸极限浓度时，遇火即能爆炸。下限越低，爆炸危险性越大。着火过程中，燃烧和爆炸往往交替进行。空气中原油蒸气浓度达到爆炸极限时，遇到火源就会发生爆炸，然后转为燃烧。超过爆炸上限时，遇火源先燃烧，待浓度下降到爆炸极限时，随即会发生爆炸。若容器或管道中已经形成了爆炸性混合气体，那么此时遇火源发生的燃烧或爆炸危险性更大。

（3）易蒸发或泄漏。原油未经稳定处置前，特别是采取油气混输技术时，其油气（伴生气）量较大。若输送设施密封不好、管道堵塞（积蜡）憋压引起泄漏或容器、管线破裂，将有大量油蒸气析出。蒸发出的油蒸气，由于密度比较大，不易扩散，往往在储存处或作业场地空间地面弥漫飘荡，在低洼处积聚不散，这就大大增加了火灾、爆炸危险程度。

（4）易产生静电。原油电阻率一般在 $10^{12}\Omega \cdot cm$ 左右，积累电荷的能力很强。因此，在泵输、灌装、装卸、运输等作业中，流动摩擦、喷射、冲击、过滤都会产生静电。当能量达到或大于油品蒸气最小引燃能量时，就可能点燃可燃性混合气，引起爆炸或燃烧。

（5）易受热膨胀、沸溢。原油及其产品的体积随温度上升而膨胀。盛装油品的容器，若靠近高温或受日光曝晒，会因油品受热膨胀破裂，增大火灾危险程度。火场及其附近的容器受到火焰辐射热的作用，如不及时冷却，也会因膨胀爆裂增大火势，扩大灾害范围。原油在长时间着火燃烧时会产生沸溢、爆喷现象，尤其是储存在储罐里的油品，着火后甚至会从储罐中猛烈地喷出，形成巨大火柱，这种现象是受"热波"的影响造成的。另外由于原油温度的升高，还会使油品体积急剧膨胀，使燃烧的油品大量外溢，造成大面积的火灾。

（6）毒性危害。中国未制定接触限值，原油本身无明显毒性，其不同的产品和中间产品表现出不同的毒性。原油中的芳香烃是具有苯环结构的烃类，它的化学稳定性良好，毒性较大，遇热分解释放出有毒的烟雾。原油大量泄漏会造成严重的环境污染。

（二）伴生气

油田伴生气主要成分为 C_1，C_2，C_3，C_4，少量的 C_5 和 C_6，烃总含量为98.08%，含有少量的二氧化碳和氮气，危险性兼有天然气和液化石油气的特性。

（1）易燃易爆特性。

伴生气中含有大量的低分子烷烃混合物，属甲类易燃易爆气体，其与空气混合形成爆炸性混合物，遇明火极易燃烧爆炸。其密度比空气小，如果出现泄漏则能无限制地扩散，易与空气形成爆炸性混合物，而且能顺风飘动，形成着火爆炸和蔓延扩散的重要条件，遇明火回燃。

由于伴生气中含有一定量的易液化组分，相对密度为1.061（空气=1），当伴生气泄漏时，一些较重的组分将沉积在低洼的地方，形成爆炸性混合气体并沿地面扩散，遇到点火源发生火灾、爆炸事故。伴生气作为燃料气使用时，因含有一定量的 C_5 和 C_6 组分，会有凝液产生，使加热炉带液而发生加热炉事故。

（2）毒性。

伴生气中的甲烷和乙烷属单纯窒息性气体，对人体基本无毒。其他组分如丙烷、异丁烷、正丁烷、异戊烷、正戊烷等都为微毒或低毒物质。伴生气除气态烃外，还有少量二氧化碳、氢气、氮气等非烃类气体。

油田伴生气理化性质、危险危害特性及防护措施参见表2.2.3。

（三）天然气

天然气是一种可液化、无色无味的混合气体，一般气层气中甲烷含量约占天然气总体积的90%以上，其次是乙烷、丙烷、正丁烷、异丁烷、正戊烷、异戊烷等，还含有在常温下呈气态的非烃类组分如二氧化碳、氢气、氮气等，并可能有少量的硫化氢、硫醇、硫醚、二硫化碳等硫化物。

原料天然气为湿气，经过油田脱水、脱烃处理后的气层气通常称为干气。天然气属甲B类易燃易爆气体，天然气的密度一般是空气的0.55~0.85倍（空气密度1.29kg/m^3）。接触限值：300mg/m^3。侵入途径：吸入。

天然气中各主要组分火灾、爆炸特性参数见表2.2.2。

表2.2.2　天然气主要组分火灾、爆炸特性参数

物料名称	分子式	自燃温度,℃	爆炸极限（体积分数）,%
甲烷	CH_4	537	5.3~15
乙烷	C_2H_6	515	3.0~12.5
丙烷	C_3H_8	466	2.2~9.5
丁烷	C_4H_{10}	405	1.9~8.5

天然气的危险性主要体现在以下几个方面：

（1）天然气无色无味，扩散在大气中不易察觉，容易引起火灾和中毒；天然气成分除气态烃类，还有少量的硫化氢、二氧化碳、氢气、氮气等非烃类气体，因硫化氢是高度危害的窒息性气体，即使在天然气中的含量极少，也具有很大的危险性。

（2）天然气非常容易燃烧，在高温、明火条件下就会燃烧或爆炸，并产生大量的热。

（3）天然气在输送过程中易产生静电，放电时产生火花，极易引起火灾或爆炸。

（4）天然气比重比空气小，一旦泄漏，能在空气中扩散，形成较大范围的爆炸性混合气体。

（5）在天然气集输生产过程中，需要用电气设备，加大了火灾、爆炸的危险。

（6）天然气中的硫化氢和二氧化碳等组分不仅腐蚀设备、降低设备耐压强度，严重时还可导致设备裂隙、漏气，遇火源引起燃烧爆炸事故。

天然气理化性质、危险危害特性及防护措施见表2.2.3。

表2.2.3　天然气理化性质、危险危害特性及防护措施

	危险货物编号	21007（压缩气体）21008（液化气体）	中文名称	天然气
理化常数	分子式	主要成分为CH_4	外观与性状	无色无味气体
	相对分子质量	16.04	蒸气压	53.32kPa（-168.8℃）
	沸点	-161.5℃	闪点	<-158℃
	熔点	-182.5℃	溶解性	微溶于水，溶于醇、乙醚
	相对密度	0.42（水=1）0.75~0.85（空气=1）	稳定性	稳定
	爆炸极限	5%~15%（体积分数）	自燃温度	482~632℃

续表

危险特性	危险性类别：第2.1类（易燃气体）。 与空气混合能形成爆炸性混合物，遇热源和明火有燃烧爆炸的危险。与五氧化溴、氯气、次氯酸、三氟化氮、液氧、二氟化氧及其他强氧化剂接触剧烈反应。 燃烧（分解）产物：一氧化碳、二氧化碳
健康危害	侵入途径：吸入。 健康危害：甲烷对人基本无毒，但浓度过高时，使空气中氧含量明显降低，使人窒息。当空气中甲烷达25%~30%时，可引起头痛、头晕、乏力、注意力不集中、呼吸和心跳加速、共济失调。若不及时脱离，可致窒息死亡。皮肤接触液化本品，可致冻伤
毒性	毒性：Ⅳ（轻度危害），LD_{50}：无资料，LC_{50}：无资料
环境标准	职业接触限值： MAC：无资料，TWA：25mg/m³，$STEL$：50mg/m³
泄漏应急处理	迅速撤离泄漏污染区人员至上风处，并进行隔离，严格限制出入。切断火源。建议应急处理人员佩戴自给正压呼吸器，穿消防防护服。尽可能切断泄漏源。合理通风，加速扩散。喷雾状水稀释、溶解。构筑围堤或挖坑收容产生的大量废水。漏气容器要妥善处理，修复、检验后再用
防护措施	呼吸系统防护：空气中浓度超标时，佩戴正压空气呼吸器。紧急事态抢救或撤离时，建议佩戴空气呼吸器。 眼睛防护：一般不需要特别防护，高浓度接触时可戴安全防护眼镜。 身体防护：穿防护服。 手防护：戴一般作业防护手套。 其他：工作现场严禁吸烟。避免长期反复接触。进入罐、限制性空间或其他高浓度区作业，须有人监护
急救措施	皮肤接触：若有冻伤，就医治疗。 吸入：迅速脱离现场至空气新鲜处。保持呼吸道通畅。如呼吸困难，给输氧。如呼吸停止，立即进行人工呼吸。就医
灭火方法	切断气源。若不能立即切断气源，则不允许熄灭正在燃烧的气体。喷水冷却容器，可能的话将容器从火场移至空旷处。 灭火剂通常可用雾状水、泡沫、二氧化碳、干粉等
储存注意事项	禁止使用易产生火花的机械设备和工具。应备有泄漏应急处理设备

（四）油田化学助剂

油气生产过程中使用破乳剂、防蜡剂、清蜡剂、缓蚀阻垢剂、杀菌剂和絮凝剂等化学助剂，用量均很少。这些药剂均为多种化学单剂复配产品，其部分药剂的少量组分具有轻微毒性，但最终合成的药剂相对单剂来说，危险性较小。危险性相对较大的助剂有破乳剂、清蜡剂等，一般具有低毒性，可能给员工的身体健康带来不利影响。

1. 破乳剂

破乳剂在油水分离过程中起到表面活性作用、润湿吸附和聚结作用，属于甲类易燃液体，具有较大的火灾危险性。破乳剂为液态，产品种类繁多，在生产工艺和产品性能控制方面会因产品所应用的作业流体不同而有所区别，但大多数破乳剂的化学成分主要是嵌段高分子聚醚，破乳剂自身毒性较小，但配用一定浓度的有机溶剂，如水溶性破乳剂中一般加入

35%的甲醇作为溶剂，油溶性破乳剂中一般加入50%的二甲苯作为溶剂，因此该类药剂具有低毒性。同时，部分油田采用甲醇作为天然气防冻剂。

甲醇又称"木醇"或"木精"，无色有酒精味的易挥发的液体，能溶于水、醇和醚；易燃；有麻醉作用；有毒，对眼睛有影响，严重时可导致失明；空气中允许浓度为 50mg/m³，燃烧时无火焰，其蒸气与空气形成的爆炸性混合物遇明火、高温、氧化剂有燃烧爆炸危险；密度（20℃）：0.7913g/cm³；沸点：64.8℃；凝固点：−97.8℃；爆炸极限：6.7%~36%（体积分数）；闪点：11.11℃；自燃点：385℃。

二甲苯又称混合二甲苯，无色透明液体，沸点：135~145℃，相对密度：0.84~0.87，易燃。化学性质活泼，可发生异构化、歧化、烷基转移、甲基氧化、脱氢、芳烃氯代、磺化反应等。

2. 防蜡剂和清蜡剂

两者均属于甲类易燃物质。防蜡剂通常投加到油井套管中，可有效地抑制油井井筒和油管壁上结蜡，延长油井热洗周期。常规防蜡剂主要成分为乙烯—醋酸乙烯酯共聚物及酯化物等，为低毒化学品。清蜡剂通常投加到油井套管中，可有效地溶解油井井筒和油管壁上的石蜡。清蜡剂大多用有毒溶剂如二硫化碳等，或含硫、氮、氧量比较高的有机溶剂，也有使用苯、互溶剂和协同剂为原料制备混合清蜡剂，共同特点是闪点低且具有一定毒性。

3. 缓蚀阻垢剂

缓蚀阻垢剂可以阻止水垢的形成、沉积，增加碳酸钙的溶解度，使其在水中不易沉积。缓蚀阻垢剂的作用是延缓管线、容器的腐蚀和结垢。使用时，通常将缓蚀阻垢剂投加到三合一放水或掺水系统中，一般为连续投加，其成分是以有机多元膦酸盐为主的一系列共聚物，一般为低毒，不燃、不爆。

4. 杀菌剂

杀菌剂的主要作用是杀死污水中的菌类（铁细菌、腐生菌、硫酸还原菌），主要以季铵盐、异噻唑啉酮和戊二醛为代表，保障油田注入水水质。该类药剂主要是对设备有一定的腐蚀性，同时对人体有一定的毒性。防范措施主要是应确保加药间有良好的机械通风设施，同时操作工人在化药和加药过程中必须严格遵守相关的规程规范。

5. 絮凝剂

絮凝剂的投加方式是在混凝沉降罐进口连续投加，其主要作用是通过电荷中和作用和吸附架桥作用使污水中的胶体颗粒产生凝聚，然后通过重力沉降和过滤作用去除。各油田应用的絮凝剂的主要成分不同，其危害性也相应不同，应根据其说明书进行防范。

部分化学助剂危险性详见表2.2.4。

表2.2.4 部分化学助剂危险性一览表

化学剂名称	主要成分	毒害作用	腐蚀危害	预防措施	火灾危险性
清蜡剂	混合芳香烃	低毒，对肝脏有毒害，对皮肤有脱脂作用	无	在常温或低温下使用，使用时应戴口罩和手套	甲
防蜡剂	聚醚、磺酸盐	低毒	无	在常温或低温下使用，使用时应戴口罩和手套	甲

续表

化学剂名称	主要成分	毒害作用	腐蚀危害	预防措施	火灾危险性
破乳剂	嵌段聚醚	低毒	无	使用时应注意防火	甲
缓蚀阻垢剂	有机膦酸、聚碳酸盐、聚马来酸酐、聚羧酸盐	低毒	无	防止入口	—
絮凝剂	聚合氯化铝	低毒	无机絮凝剂对不锈钢有点蚀危害	防止入口,贮存和使用干品时注意防火	—
杀菌剂	二氧化氯、季铵盐、异噻唑啉酮、戊二醛	低毒	对设备有一定的腐蚀性	防止入口,贮存和使用干品时注意防火	—

(五) 硫化氢

1. 硫化氢毒性危害分析

含硫化氢的天然气、原油和酸性水泄漏会使硫化氢在空气中弥漫,对人体造成危害。硫化氢是无色、有恶臭、具有高毒性的神经毒物,易在低洼处积聚。高浓度时可直接抑制呼吸中枢,引起迅速窒息死亡,必须在生产中引起足够的重视。

硫化氢在远远低于引起危害的浓度之前,人们便可以嗅到其存在。一般来讲,硫化氢浓度在小于 $10mg/m^3$ 时,臭味与浓度成正比,当浓度超过 $10mg/m^3$ 以后,便可以很快引起嗅觉疲劳而不闻其臭。人们进入 $0.5mg/m^3$ 以上的浓度区域便有可能中毒,但在低浓度区域要经过一段时间后才会出现头痛、恶心症状。浓度愈高,对呼吸道、眼部的刺激愈明显。当浓度为 $70\sim150mg/m^3$ 时,可引起眼结膜炎、鼻炎、咽炎、气管炎;当浓度为 $700mg/m^3$ 时,可以在瞬间引起急性支气管炎和肺炎;当接触浓度为 $700mg/m^3$ 时,会使人在瞬间失去知觉;当接触浓度为 $1400mg/m^3$ 时,可致人于瞬间呼吸麻痹而窒息死亡。

对含有硫化氢的天然气、原油和酸性水的密闭采样是控制硫化氢中毒的有效措施;检修或维护过程中注意戴好防毒护具及加强监护是杜绝硫化氢中毒伤亡的又一重要途径。

2. 硫化氢火灾危险性分析

天然气、原油都具有燃烧性,火灾、爆炸是油田最主要的危害因素。硫化氢也具有易燃性,建筑规范中的火险分级为甲级,它可以与空气混合形成爆炸性混合物。但是,含硫油品及含硫化氢天然气生产、储存、运输过程中的火灾、爆炸危险主要还不表现在它本身的燃烧性上。以硫化氢为代表的硫腐蚀,可以酿成自燃,国内外发生了多起由硫化铁 (Fe_xS_y) 自燃引起的火灾和爆炸事故。硫化铁自燃对于石油天然气集输、轻烃回收、原油稳定等过程的威胁十分严重,硫化铁自燃引发天然气及原油系统的火灾、爆炸事故是比较多的,其经济损失和恶劣影响也是可观的。

硫化铁自燃引起的问题是从 20 世纪 70 年代才引起人们重视的。20 世纪 70 年代,两艘运送卡塔尔原油的油轮在泰国海域因硫化铁自燃酿成爆炸,引起了国外从事石油天然气行业工作的人们的关注;以后,国内发生过多起硫化亚铁自燃引发的火灾、爆炸事故,也引起了石油天然气行业的广泛重视。

设备、管道内产生硫化铁在空气中自燃产生的高温，可以使金属软化、管道塌陷造成损坏。硫化亚铁自燃还会产生二氧化硫等有毒气体，带来严重的环境污染问题并严重危害检修人员的身体健康，因此必须从本质上进行预防。

硫化氢理化性质、危险危害特性及防护措施详见表2.2.5。

表2.2.5 硫化氢理化性质、危险危害特性及防护措施

<table>
<tr><td rowspan="9">理化
常数</td><td>危险货物编号</td><td>21006</td><td>CAS 号</td><td>7783 - 06 - 4</td></tr>
<tr><td>中文名称</td><td>硫化氢</td><td>英文名称</td><td>hydrogen sulfide</td></tr>
<tr><td>分子式</td><td>H_2S</td><td>外观与性状</td><td>无色，有恶臭气体</td></tr>
<tr><td>相对分子质量</td><td>34.08</td><td>蒸气压</td><td>2026.5kPa（25.5℃）</td></tr>
<tr><td>沸点</td><td>−60.4℃</td><td>闪点</td><td>无意义</td></tr>
<tr><td>熔点</td><td>−85.5℃</td><td>溶解性</td><td>溶于水、乙醇</td></tr>
<tr><td>相对密度</td><td>1.19（空气 =1）</td><td>稳定性</td><td>稳定</td></tr>
<tr><td>爆炸极限</td><td>空气中4.0% ~ 46%（体积分数）</td><td>自燃温度</td><td>260℃</td></tr>
<tr><td>主要用途</td><td colspan="3">用于化学分析，如鉴定金属离子</td></tr>
<tr><td>危险
特性</td><td colspan="4">危险性类别：第2.1类（易燃气体）。
易燃，与空气混合能形成爆炸性混合物，遇明火、高热能引起燃烧爆炸。与浓硝酸、发烟硫酸或其他强氧化剂剧烈反应，发生爆炸。气体比空气重，能在较低处扩散到相当远的地方，遇明火会引起回燃。
燃烧（分解）产物：氧化硫</td></tr>
<tr><td>健康
危害</td><td colspan="4">侵入途径：吸入。
本品是强烈的神经毒物，对黏膜有强烈刺激作用。
急性中毒：短期内吸入高浓度硫化氢后出现流泪、眼痛、眼内异物感、畏光、视物模糊、流涕、咽喉部灼热感、咳嗽、胸闷、头痛、头晕、乏力、意识模糊等。部分患者可有心肌损害。重者可出现脑水肿、肺水肿。极高浓度（1000mg/m³ 以上）时可在数秒内突然昏迷，呼吸和心跳骤停，发生闪电型死亡。高浓度接触眼结膜发生水肿和角膜溃疡。
长期低浓度接触：引起神经衰弱综合征和植物神经功能紊乱</td></tr>
<tr><td>毒性</td><td colspan="4">毒性：II级（高度危害），LD_{50}：无资料，LC_{50}：618mg/m³（大鼠吸入）</td></tr>
<tr><td>环境
标准</td><td colspan="4">职业接触限值：
MAC：10mg/m³</td></tr>
<tr><td>泄漏
应急
处理</td><td colspan="4">迅速撤离泄漏污染区人员至上风处，并立即进行隔离，小泄漏时隔离150m，大泄漏时隔离300m，严格限制出入。切断火源。建议应急处理人员戴自给正压呼吸器，穿防静电工作服。从上风处进入现场。尽可能切断泄漏源。合理通风，加速扩散。喷雾状水稀释、溶解。构筑围堤或挖坑收容产生的大量废水。如有可能，将残余气或漏出气用排风机送至水洗塔或与塔相连的通风橱内；或使其通过三氯化铁水溶液，管路装止回装置以防溶液吸回。漏气容器要妥善处理，修复、检验后再用</td></tr>
<tr><td>防护
措施</td><td colspan="4">工程控制：严加密闭，提供充分的局部排风和全面通风。提供安全淋浴和洗眼设备。
呼吸系统防护：空气中浓度超标时，佩戴过滤式防毒面具（半面罩）。紧急事态抢救或撤离时，建议佩戴氧气呼吸器或空气呼吸器。
眼睛防护：戴化学安全防护眼镜。
身体防护：穿防静电工作服。
手防护：戴防化学品手套。
其他防护：工作现场禁止吸烟、进食和饮水。工作完毕，淋浴更衣。及时换洗工作服。作业人员应学会自救和互救。进入罐、限制性空间或其他高浓度区作业，须有人监护</td></tr>
</table>

急救措施	皮肤接触：脱去污染的衣着，用流动清水冲洗。就医。 眼睛接触：立即提起眼睑，用大量流动清水或生理盐水彻底冲洗至少15min。就医。 吸入：迅速脱离现场至空气新鲜处。保持呼吸道通畅。如呼吸困难，给输氧。如呼吸停止，立即进行人工呼吸。就医
灭火方法	消防人员必须穿全身防火防毒服，在上风向灭火。切断气源。若不能切断气源，则不允许熄灭泄漏处的火焰。喷水冷却容器，可能的话将容器从火场移至空旷处。 灭火剂：雾状水、抗溶性泡沫、干粉
储存注意事项	储存于阴凉、通风的库房。远离火种、热源。库温不宜超过30℃。保持容器密封。应与氧化剂、碱类分开存放，切忌混储。采用防爆型照明、通风设施。禁止使用易产生火花的机械设备和工具。储区应备有泄漏应急处理设备

二、采油生产过程危害特性

采油生产大部分在野外分散作业，从井口到计量站整个生产过程具有机械化、密闭化和连续化的特点，对人与人、人与机之间的协调都有较高的要求。

采油生产的主要物质是原油、天然气。这些物质具有易燃、易爆、易挥发和易积聚静电等特点。挥发的油气与空气混合达到一定的比例，遇明火就会发生爆炸或燃烧，造成很大的破坏。油气还有一定的毒性，如果大量泄漏，将会造成人、畜中毒和环境污染。采油生产工艺是多种多样的，而且不同生产工艺带有不同程度的危险性。

（一）采油过程中主要危害因素

采油井场是火灾、爆炸易发场所，抽油机是油气生产的主要开采设备，在油田分布数量多，影响范围大。主要存在振动、密封不良、高温过热、刹车系统失灵等危害。抽油机的平衡块是主要的危险部位，在油田生产中经常造成人畜机械伤害和物体打击事故；员工在抽油机配电箱部位进行启停机作业可能发生触电伤害；上机进行维修、清洗等作业可能发生高处坠落事故。井控装置安装不合格或失效、发生气窜，高温下生产井回流造成的原油过高温区焦化堵塞或操作人员工作疏忽、操作失误等有可能诱发井喷并引发火灾、爆炸事故。分离器主要存在物理性爆炸、密封不良、汇管刺漏等危害。

集油阀组和集油管道在输送原油过程中，管线、设备及阀门由于腐蚀、密封不严等原因泄漏，遇明火、火花、雷电或静电将引起火灾、爆炸。切割或焊接集油管线或阀门时，安全措施不当、电气设备损坏或导线短路均有可能导致火灾、爆炸事故的发生。在冬季，由于气温较低，管线有可能被冻堵，尤其是集输管线，如果因冻堵而应力开裂，将会导致油气泄漏甚至引发火灾、爆炸事故。

（二）采油队主要岗位危害因素

采油队采油岗、计量岗员工生产作业过程主要存在火灾、化学性爆炸、机械伤害、触电、物体打击和高处坠落等危害；维护岗、巡井岗员工生产作业过程主要存在机械伤害、触电、低温和物体打击危害；化验岗员工生产作业过程主要存在中毒、火灾、化学性爆炸危害。

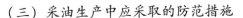

（三）采油生产中应采取的防范措施

（1）防火是采油生产中极为重要的安全措施，防火的基本原则是设法防止燃烧必要条件的形成，而灭火措施则是设法消除已形成的燃烧条件。

（2）采油生产过程中发生的爆炸，大多数是混合气体的爆炸，即可燃气体（原油蒸气或天然气）与助燃气体（空气）的混合物浓度在爆炸极限范围内的爆炸，属于化学性爆炸的范畴。原油、天然气的爆炸往往与燃烧有直接关系，爆炸可能转为燃烧，燃烧也可以转为爆炸。当空气中原油蒸气或天然气达到爆炸极限范围时，一旦接触火源，混合气体先爆炸后燃烧；当空气中油气浓度超过爆炸上限时，与火源接触就先燃烧，待油气浓度下降达到爆炸上限时随即发生爆炸，即先燃烧后爆炸。

（3）防触电。随着采油工艺的不断发展，电气设备已遍及采油生产的各个环节，如果电气设备安装、使用不合理，维修不及时，就会发生电气设备事故，危及人身安全，给国家和人民带来重大损失。

（4）防中毒。原油、天然气及其产品的蒸气具有一定毒性。这些物质经口、鼻进入人体，超过一定吸入量时，可导致慢性或急性中毒。当空气中油气含量为0.28%时，人在该环境中12～14h就会有头晕感；如果含量达到1.13%～2.22%，将会使人难以支持；含量再高时，则会使人立即晕倒，失去知觉，造成急性中毒。在这种情况下若不能及时发现并抢救，则可能导致窒息死亡。当油品接触皮肤、进入口腔、眼睛时，都会不同程度地引起中毒症状。采油生产过程中的有毒物质主要来自苯及甲苯、硫化物、含铅汽油、汞、氯、氨、一氧化碳、二氧化硫、甲醇、乙醇、乙醚等。除了这些物质能够直接给人体造成毒害外，采油生产过程中排放的含油污水也可对生态环境造成危害，水中的生物如鱼虾会死亡。

（5）防冻。采油生产场所大部分分布在野外，一些施工作业也在野外进行，加之有些油田原油的含蜡量高、凝固点高，这样就给采油生产带来很大难度。搞好冬季安全生产是油田开发生产系统的重要一环。因此，每年一度的冬防保温工作就成为确保油田连续安全生产的有力措施。如油井冬季测压关井、油井冬季长期关井、油井站内管线冻结等都是采油生产过程中冬季常见的现象。

（6）防机械伤害。机械伤害事故是指由于机械性外力的作用而造成的事故。在油田开发生产工作中是较常见的。一般分为人身伤害或机械设备损坏两种。在采油生产过程中，接触的机械较多，从井口作业到大工程维修施工，无一不和机械打交道，因此防机械伤害应予以高度重视。

三、采气生产过程危害特性

天然气采气集输过程中主要危险物质是天然气、轻烃等。设备、管道的运行都要承受一定的压力，油气与空气的混合物在一定条件下具有爆炸等特性。因此，生产过程中必须严格遵守有关规章制度，以保证安全生产。

（一）采气过程中主要危害因素

采气树连接点较多，阀门存在缺陷，如密封填料未压紧、密封填料圈数不够、密封填料失效、阀门丝杆磨损或腐蚀均会造成采气树泄漏。阀门密封面有杂物、阀瓣和密封面磨损等也会造成油气泄漏。气井中的天然气常含有硫化氢、二氧化碳等酸性气体，对管柱和井口装置有严重的腐蚀，另外，安装过程中施工质量差、工作压力超高都可能造成天然气泄漏。采气管道由于缺陷可能导致泄漏、物理性爆炸和火灾、爆炸事故。

天然气压缩机主要用于给油田生产的天然气加压，并通过管道外输，另外给进站的天然气加压后，经过干燥、膨胀、冷凝等工艺进行初加工，生产液化气和轻质油。主要危害是天然气泄漏和空气进入压缩系统引起的燃爆风险以及超压引起的物理性爆炸。压缩机润滑油不足会引起油温升高，导致烧瓦、卡活塞等情况；如润滑油过多，会有过多的机油串入燃烧室，造成积炭。另外，水质不良将造成机身、缸体、管道的腐蚀与堵塞，严重时还会导致设备报废。

（二）采气队主要岗位危害因素

采气队采气岗员工生产作业过程主要存在火灾、化学性爆炸、机械伤害、触电、中毒、物体打击和高处坠落等危害。

（三）采气生产中应采取的防范措施

（1）系统严禁超压运行，若生产需要提高工作压力，必须制定可靠的安全措施，并报上级生产主管部门和安全技术部门审查批准。

（2）由于设备、管道的长期运行，因氧化腐蚀、固体物质的冲蚀等，造成了设备、管道壁厚的减薄，或因电化学因素的影响，设备遭受氢、硫、磷等有害元素的侵害，破坏了原有的金相组织，使设备产生强度不够缺陷而发生泄漏。设备、管道上的安全附件必须定期检查、校验，保证灵敏、可靠。定期对设备、管道的技术状况进行检查，对电化学腐蚀比较严重的设备或管道，应及时给予维修或更换。

（3）天然气泄漏以后，与空气混合形成了燃烧或爆炸性混合物，遇到明火时会发生火灾或爆炸。采气、输气井站严禁烟火，现场禁止天然气泄漏。生产中，仪表、设备、管道的运行场所必须保持良好的通风，以保证工作现场无天然气积聚。开关气井阀门时要均匀缓慢，调节各级针形阀时禁止猛开猛关，以防止系统压力急剧升高。一般情况下，禁止利用空气进行排液作业，下放井下压力计时，防喷管内的空气要用井内的天然气置换干净。

（4）操作人员在点燃天然气加热炉时，必须按照"先点火，后开气"的规定操作，防止炉膛内的天然气在遇到明火时发生爆炸。操作人员无相应的特种作业操作证禁止操作。

（5）设备、管道检修时，必须制定严格的施工方案，在焊接带有天然气或凝析液体的设备时，必须制定可靠的动火措施。对含硫设备、抗硫设备或管道的焊接，不应在采气现场进行。

（6）气体中的硫化铁粉末遇到空气后会发生自燃或引起爆炸。清除设备内的硫化铁粉末时，一定要采用湿式作业，设备打开后，必须立即注入冷水，防止自燃。一般情况下，设备放空、吹扫要用火炬点火烧掉，特殊情况无法点火时，应根据周围环境、放空量的多少和时间划定安全区域。安全区域内禁止一切烟火，并禁止与放空、吹扫无关的其他人员通行。

（7）井场、井站内禁止存放油品、木材、干草等易燃物品。生产现场的照明、仪表、电气设备应使用防爆型。处在多雷区的井站，必须安装避雷装置，并保证装置的接地系统安全可靠。井站内的消防器材应齐备、完好，并有专人管理。

四、油气集输过程危害特性

油气集输是油田从事原油、天然气工业生产的主体，主要担负着油田原油、天然气的外输、外销以及天然气、轻烃产品的生产、加工与储备等任务。因此，集输行业在油田工业生产中有着十分重要的地位。油气集输既有点多、线长、面广的生产特性，又具有高温高压、易燃易爆、工艺复杂、压力容器集中、生产连续性强、火灾危险性大的生产特点。任一环节出现问题或操作失误，都将会造成恶性的火灾、爆炸事故及人身伤亡事故。油田集输生产最基本的单元是集输站（库），其主要任务是将油井中采出的油、气混合物收集起来，经初步处理后输送到用户或储存。由于原油里面的杂质比较多，除了水、气以外，还含有一些其他有害化学成分，如硫、氢氧化钾、盐等；另外，生产中有些油井没有安装井口过滤器，原油中还含有很多的机械杂质与固体物。这些成分的存在，会给运行的设备、管道造成一定的腐蚀和冲蚀，引起设备穿孔、泄漏、跑油，甚至导致火灾、爆炸事故的发生。

（一）油气集输过程中主要危害因素

1. 计量阀组间

计量阀组间的主要功能是收集油井来的油气，然后再通过计量装置对分离后的油、气进行分别计量。在正常生产中是没有油、气泄漏的，但如果阀门密封不良、法兰垫片密封失效，油气泄漏遇明火或管道、容器检修焊接时介质吹扫不干净，都可能引起火灾和爆炸。

计量阀组间存在的岗位危害因素主要包括火灾、物理性爆炸、化学性爆炸、中毒和窒息等。

2. 油气分离器

油气分离器是油、气、水分离的主要设备。其安全运行关键是控制分离器的压力和液面。当压力过高时，一是管线或容器可能破裂，发生物理性爆炸；二是出油阀有漏失，开关不灵，不及时检修，会发生缓冲段原油液面波动。液面过高容易使天然气管线跑油，堵塞管线；液面过低容易使原油中带气，使输油泵产生气蚀。如果由于设备缺陷、超压运行、安全附件失灵等原因使容器发生物理性爆炸，极大的能量瞬间释放，强大的冲击波不仅使设备本体遭到毁坏，而且周围的设备和建筑物也会受到严重的破坏，甚至造成人身伤亡。

油气分离器存在的岗位危害因素主要包括火灾、物理性爆炸、化学性爆炸、高处坠落等。

3. 加热炉

油气集输过程中加热工艺的主要设备为加热炉，加热炉既属于明火设备，同时设备和管道内又有油、气存在，有操作条件不稳定、热负荷波动较大、连续运行的特点，因此加热炉的危险性较高。

如果管理不善，会造成炉管烧穿、爆管跑油。加热炉在点火前没有按规定进行炉膛吹扫，一旦油气泄漏在炉膛内与空气混合浓度达到爆炸极限，点火会立即发生闪爆事故，石油天然气行业曾多次发生加热炉点火作业闪爆亡人事故，因此加热炉必须设置自动点火和熄火保护等安全保护装置，还应设置必要的安全阀、压力表、液位计、测温仪等安全附件。加热炉操作温度大多较高，从节能和安全的角度考虑，设备外部加设保温措施，局部裸露的设备和管线的表面温度还较高，如不采取措施可造成灼烫。高处操作不慎还有可能发生高处坠落。

加热炉存在的岗位危害因素主要包括火灾、爆炸、灼烫、高处坠落等。其中以防火灾、爆炸为重点。

4. 天然气除油器

天然气除油器处理的介质是天然气，由于采用密闭生产工艺，因此在正常生产中没有油、气泄漏，但如果阀门密封不好，法兰垫片密封不严，或者在管道、容器检修焊接时介质吹扫不干净，遇明火会引起火灾和爆炸，危及设备和人身安全。超压运行时可能发生物理性爆炸。操作人员在容器顶部作业时还可能发生高处坠落事故。

天然气除油器存在的岗位危害因素主要包括火灾、物理性爆炸、化学性爆炸、高处坠落等。

5. 天然气干燥器

部分场站设有天然气干燥器。它是湿气除液滴分离设备，利用空气冷却从天然气中分离出水及少量天然气凝液，降低湿气使用危险性，设备本身危害性不大。但是由于腐蚀、机械损伤等原因造成天然气泄漏，装置周围极易形成爆炸性环境，遇点火源发生火灾、爆炸。火灾、爆炸是该装置的主要危害因素。因此，装置附近严禁烟火，避免铁器碰撞，天然气干燥器冬季排液不畅发生冻堵时，现场严禁用火烘烤。

天然气干燥器存在的岗位危害因素主要包括火灾、化学性爆炸等。

6. 天然气净化装置

天然气净化装置对天然气脱硫脱碳、脱水并对酸气进行处理，其中主要有脱硫吸收塔、溶液再生塔、脱水吸收塔、重沸器和分离器等设备，设备在较高的压力下运行并有可能存在硫化氢、二氧化碳等腐蚀，日常操作的复杂程度及条件加剧了作业失误的可能。天然气净化装置易发生泄漏事故，泄漏出的天然气或酸气释放在空气中易引发火灾、爆炸、中毒等事故。

天然气净化装置存在的岗位危害因素主要包括火灾、物理性爆炸、化学性爆炸、机械伤害、触电、灼烫、高处坠落、中毒和窒息等。

7. 天然气凝液回收装置

天然气凝液回收装置一般由原料气压缩、原料气脱水、冷凝分离和凝液分馏四部分构成，主要设备有原料气压缩机、膨胀机组、分馏塔、凝液泵、换热器等。一般在低温冷凝分离过程中，因低温极易造成分馏塔、换热器及低温部分管线因材质选择不当产生氢脆，或者因低温制冷系统工艺参数产生波动、制冷剂介质泄漏造成管线设备冻堵、环境污染等，可能引发装置超压发生物理性爆炸、天然气泄漏、着火爆炸、停产事故的发生。同时，由于回收的天然气凝液密度比空气大，易在沟池等低洼地方聚集，与空气混合后遇点火源引发火灾或爆炸事故等。

天然气凝液回收装置存在的岗位危害因素主要包括火灾、物理性爆炸、化学性爆炸、机械伤害、触电、低温冻伤、高处坠落、中毒和窒息等。

8. 硫磺回收装置

硫磺回收装置是以含硫化氢的天然气净化尾气为原料生产硫磺的装置，主要设备有酸气预热器、硫反应器、汽包、硫冷凝器、硫分离器、液硫储罐等。其中，汽包起着调节和控制床层温度的作用，操作条件时常变化。若操作失误使干锅进水，可能造成汽包爆炸事故。尾气中酸气浓度为 1.5% ~2.5%，因缺陷（设计、制造、安装）、操作不当误排、静密封点刺漏、超压超温造成装置超负荷可引发物料泄漏，泄漏出的酸气释放到空气中，可能引发火灾、爆炸、中毒事故。

硫磺回收装置存在的岗位危害因素主要包括火灾、物理性爆炸、化学性爆炸、机械伤害、触电、低温冻伤、中毒和窒息等。

9. 机泵

机泵设备主要输送的是原油或含水原油，具有较大的危险性。由于输油泵密封不良、设备维修、管道腐蚀等原因，泵房内可能散落原油或散发油蒸气，如维修时使用非防爆工具、泵房内动火或操作人员未使用防静电劳动防护用品等，就有可能造成火灾、爆炸；机泵的运转部位由于缺少防护或操作人员未使用或未正确使用劳动防护用品，还可能造成机械伤害；机泵属于电气设备，如果设备本身或线路存在缺陷、防触电保护失效、工作人员操作失误触及带电部位，可能发生触电伤害；由于安装不良、叶轮腐蚀或内有异物、液体温度过高等原因均有可能造成机泵噪声振动增大，影响工作人员身体健康，进而影响正常生产。

机泵存在的岗位危害因素主要包括火灾、物理性爆炸、化学性爆炸、噪声、机械伤害、起重伤害、触电、其他伤害等。

10. 储罐

进罐检修、人工清理罐底油泥时，如不采取必要的防护措施，会有发生油气中毒窒息或发生火灾、爆炸的危险。上储油罐检尺、取样等有发生高处坠落事故的可能。储罐一旦发生油品泄漏跑油事故，会造成巨大的经济损失，若酿成火灾还会对生产设施和人身安全带来严重威胁。造成储罐泄漏跑油的原因如下：

（1）设备性能不良，罐体、管线自身强度不够或存在其他缺陷。

（2）原油中含有水和少量的硫、钙、盐等成分，这些物质作用于储油罐、管线、阀门，会造成腐蚀。轻者会造成泄漏，重者使储油罐、管线强度降低，造成设备损坏、报废。

（3）油罐防静电接地不良，造成静电积累，可能引起静电放电，存在发生火灾、爆炸危险。

（4）储油罐充装时，若液位指示报警及控制系统失效，有可能造成储油罐超装外溢，易燃易爆物质泄漏。

（5）原油充装超过安全高度，原油在温升膨胀的情况下跑损。

（6）加热保温时，温升过高可引起原油突沸而发生溢罐现象，造成原油大量跑损。

（7）地基不均匀，沉降过大，储油罐焊缝开裂或输油管线破裂等将导致原油大量泄漏。

（8）储油罐空罐进油时初流速过大，易产生大量静电，如发生静电放电可能导致油罐发生火灾事故。

储罐存在的岗位危害因素主要包括火灾、化学性爆炸、高处坠落、中毒和窒息等。

11. 放空管（火炬）

放空管或火炬设施的主要危险是排放时管线凝液堵塞管道，如遇事故，装置中气体排放不畅，造成压力骤升是十分危险的。如果气体带液排放至火炬还会产生下火雨事故。另外，火炬应有可靠的点火设施，一旦发生向火炬泄放可燃气体的情况，若不能及时点火，就会有大量的可燃气体外排至大气中，在火炬周围形成大量的爆炸性气体混合物，在特定风向和气压下遇到点火源（电火花、明火等）就可能引起火灾、爆炸事故。

放空管及火炬存在的岗位危害因素主要包括火灾、化学性爆炸、高处坠落等。

12. 油品装卸栈桥

装卸栈桥是油品集输的重要设施，如油气挥发、溢油、油气泄漏可引发火灾、爆炸、中毒和环境污染事故。因栈桥、槽车车体及静电接地设施缺陷、装油速度控制不当、岗位人员误操作易引起静电积聚，进而引发火灾、爆炸事故发生，同时还存在高处坠落、触电等危害。

造成装卸栈桥事故的原因包括如下几个方面：

（1）装卸原油时，发生油管破裂、密封垫破损、接头紧固螺栓松动等情况，使原油漏至地面，周围空气中原油蒸气的浓度迅速上升，达到或超过爆炸极限，遇到点火源即发生燃烧爆炸。在油品外溢时，使用金属容器收集，开启不防爆的电灯照明观察，均会无意中产生火花引起爆燃。装车前未对罐车进行检查，违章给无车盖、底阀不严、卸油口无帽及漏油罐车装车，油鹤管放入槽口未用绳子拴牢，装油过程中因压力过大，造成油鹤管弹出，罐车装满后未及时关闭顶口的罐口盖，都有可能造成原油泄漏。

（2）若油管无静电连接、槽车无静电接地、卸油流速过快等，造成静电积聚放电，点燃外溢油品混合蒸气，就会发生燃烧、爆炸。

（3）违章操作引发火灾、爆炸。操作人员上栈桥操作时未穿防静电服，使用不防爆手电筒，装车过程中违章吸烟、起落油鹤管、开盖车盖时用力过猛产生碰撞火花，都会引起火灾、爆炸事故。

油品装卸栈桥存在的岗位危害因素主要包括火灾、化学性爆炸、车辆伤害、触电、高处坠落、中毒和窒息等。

（二）油气集输主要岗位危害因素

油气集输工艺的主要生产场站包括计量间、中转站、联合站、油气处理厂等，生产岗位包括输油岗、锅炉岗、维修岗、装卸岗等。正常生产过程中，油气在生产或储运过程中仅有轻微泄漏或少量释放，不具备发生火灾、爆炸的条件。但在异常情况下，输油岗、锅炉岗、维修岗、装卸岗管理设备或管道腐蚀穿孔、破裂泄漏或操作失误将导致大量可燃物质释放，切割或焊接油气管线或设备时安全措施不当、电气设备损坏或导线短路可能引起火灾、爆炸事故。同时，泵房内由于泄漏而使空气中的原油蒸气浓度达到爆炸极限范围之内时，电气设备、仪器仪表在启动、关闭时产生的电火花也可能引发爆炸。输油岗、锅炉岗、维修岗、装卸岗的很多作业平台高于2m，岗位人员在高处平台上巡检、维修和作业，如平台、扶梯、栏杆等处有损伤、松动或设计不符合规范要求，一旦操作者不慎，则存在高处坠落的潜在危害。在生产、维修、检修过程中，设备部件或工具飞出以及承压容器部件在故障情况下受压飞出都可能造成物体打击危害。原油蒸气比空气重，易在低洼、封闭或通风不良的作业场所聚集，在设备检修、巡检作业的过程中由于设备或管道、阀门、法兰等连接处泄漏造成油气积聚，可能存在中毒和窒息危害。

五、污水处理和注水过程危害特性

（一）污水处理

污水处理工艺的主要设备包括污水沉降罐、滤罐、污油罐、回收水池、机泵等，该工艺处理的来液虽大部分物料为污油，但处理污油的生产设备和作业场所仍存在火灾、爆炸危险。污水处理系统的设备存在腐蚀问题。未处理的污水处理系统的介质主要是含硫、含盐污水。油田污水中的组分相当复杂，富集硫化氢、氯化物等腐蚀性介质，开采过程中添加的多种化学添加剂最终以杂质形式出现在水中，故通常污水呈现酸性。这种酸性污水对设备和工艺管线有很强的腐蚀性，高压和快速流动介质的冲蚀可以加剧腐蚀速率。污水处理系统的设备和工艺管线频繁泄漏，不仅给生产造成很大被动，而且易造成人员中毒。

污水处理岗存在的岗位危害因素主要包括硫化物腐蚀、火灾、化学性爆炸、中毒和窒息、高处坠落、机械伤害、触电等。其中以防止硫化物腐蚀、火灾、爆炸、中毒和窒息为重点控制目标，同时由于污水腐蚀管道及设备，防腐蚀成为水系统的重要问题。

（二）注水系统

注水设备主要包括注水泵机组、储水罐、供水管网、供配电及润滑、冷却水系统。注水站内均为高电压、高水压、高噪声作业，注水压力可达 20MPa。注水设备和管线由于压力高、振动强度大，在焊接处、管线弯头处等薄弱环节点易发生破裂或刺漏，设备部件飞出会造成物体打击事故；同时注水泵房中用电设备多，配电箱或控制屏等电气设备可能造成触电事故；转动的机械设备还可能造成机械伤害；由于注水水质、高压冲刷等多方面原因，金属设备直接同注入的液体接触，腐蚀较为严重，腐蚀是注水系统中应重点防范的问题。由于注水系统注入的污水中含盐等腐蚀性介质，对注水管道和设备也具有很强的腐蚀性，特别是高压和快速流动介质的冲蚀更加剧了腐蚀速率。注水系统的设备和工艺管线一旦泄漏，会给生产造成很大被动，使站内操作人员受到高压水打击的可能性增大。

注水岗存在的岗位危害因素主要包括物理性爆炸（超压刺漏）、起重伤害、机械伤害等。

六、油、气、水管道危害特性

油气管道在输送过程中存在一定的压力，正常情况下是在密闭的管线中及密闭性良好的设备间加热、加压输送，一旦发生泄漏等异常现象，带压、高温的介质泄漏后，遇火源会发生火灾事故。同时，如果这些泄漏介质在空气中形成爆炸性气体且达到爆炸极限，遇火源会引发爆炸事故。油气处理站场的工艺装置区内，设备管线多为架空敷设，暴露在大气中，腐蚀或密封不严等可能造成油气外泄，遇明火将引起火灾、爆炸。注水管道及注水井口压力可达 20MPa，一旦管道、井口因腐蚀、施工质量差、人为原因破裂造成高压水刺出可能发生高压水物体打击事故。

站外油、气、水管线为油田内部管网，多为埋地敷设，会因以下原因发生泄漏事故：

（1）设计误差，如管线埋深、壁厚、材质、抗震设计、防冻设计、防腐层等设计不合理。

（2）设施不完整，如防护等级不够、自动控制系统故障、超压保护装置失效、安全放空系统故障、阴极保护系统故障、防冻设施故障等。

（3）施工焊接缺陷，如管沟不符合要求、管沟回填不符合要求、防腐层损伤、管线本体机械损伤等。

（4）意外破损也是造成管道泄漏的原因之一，因此，对各类管道需按规范设置不同标识的标志桩，避免管道意外破损。

油气处理站场的工艺装置区内，设备管线多为架空敷设，暴露在大气中，腐蚀或密封不严等可能造成油气泄漏，遇明火将引起火灾、爆炸。造成腐蚀、泄漏的主要原因有：

（1）由于输送的介质高含水、含药、含还原菌等对管线具有腐蚀作用，使管体腐蚀老化。

（2）由于部分低洼地排水不畅，雨季经常积水，会对管线造成腐蚀。

（3）由于管线使用年限长，部分管线遭受腐蚀，尤其是内腐蚀使管壁变薄，容易出现穿孔现象。

油、气、水管道存在的岗位危害因素主要包括物理性爆炸、化学性爆炸、冻堵、坍塌、中毒和窒息等。

七、生产辅助系统危害特性

（一）变配电系统

由于电气设备产品质量不佳、绝缘性能不好、现场环境恶劣（高温、潮湿、腐蚀、振动）、运行不当、机械损伤、维修不善导致绝缘老化破损、设计不合理、安装工艺不规范、各种电气安全净距不够、安全技术措施不完备、违章操作、保护失灵等原因，可能发生设备对地、对其他相邻设备放电，造成电工岗位人员触电、电击灼伤、设备短路爆炸等危害。由于作业人员操作不当，室外变电站检修作业人员还存在高处坠落等危害。由于各种高低压配电装置、电器、照明设施、电缆、电气线路等安装不当、外部火源移近、运行中正常的闭合与分断、不正常运行的过负荷、短路、过电压、接地故障、接触不良等，均可产生电气火花、电弧或者过热，若防护不当，可能发生电气火灾或引燃周围的可燃物质，造成火灾事故。在有过载电流流过时，还可能使导线（含母线、开关）过热，金属迅速气化而引起爆炸。充油电气设备（油浸电力变压器、电压互感器等）火灾危险性更大，还有可能引起爆炸。用电设备接地、用电线路短路、电气设备防爆性能失效等，可造成火灾、爆炸、人员烧伤等危害。

室外变电站变配电装置、配线（缆）、构架、箱式配电站及电气室都有遭受雷击的可能。若防雷设计不合理，施工不规范，接地电阻值不符合规范要求，在雷电波及范围内会严重破坏建筑物及设备设施，并可能危及人身安全乃至有致命的危险，巨大的雷电流流入地下，会在雷击点及其连接的金属部分产生极高的对地电压，可能导致接触电压或跨步电压造成的触电事故。雷电流的热效应还能引起电气火灾及爆炸。此外，还存在 SF_6 泄漏使人中毒和窒息等危害。

对一级用电负荷，如消防水泵、火灾探测、报警和人员疏散指示、危险和有害气体的探测、泄漏的探测、安全出口照明、洗涤塔/有机溶剂的排放、烟尘排放等要求连续可靠供电的设备、设施及场所，一旦供电中断发生事故，将危及人员健康与生命安全。由于变配电系统控制保护自动装置失灵、高压断路器拒动，可造成电网大面积停电，重要装置无法运行的停产事故。高压断路器误动可造成电气检修人员触电。

变配电系统存在的岗位危害因素主要包括电气火灾、触电、电击灼伤、设备短路爆炸、高处坠落、化学性爆炸、中毒和窒息等。

（二）自动控制系统

油气田自动控制系统的高效、平稳运行是提高生产管理水平和实现本质安全的重要手段，自动化岗因技术复杂、专业性强，系统故障如不能及时发现和排除，轻则导致生产中断，设备损坏、财产损失，重则可能发生重大安全生产事故。

自动控制系统存在的岗位危害因素主要包括火灾、触电等。

（三）消防设施

消防设施是油气生产场站的安全生产设施，其中消防站、消防泵、固定消防设施、灭火器、消防道路等分别具有独特的功能，是消防设施中的重要组成部分。在运行过程中，消防设施可能出现组件失效、泄漏、药品过期等情况，会降低消防设施的功效，进而对事故的预警、扑救和人员、财产的救援造成严重的影响。

消防系统存在的岗位危害因素主要包括触电、机械伤害、物体打击等。

（四）锅炉

锅炉是油气田生产中使用广泛的能量转换设备，由于部分元件既受到高温烟气和火焰的烘烤，又承受较大的压力，是一种有爆炸危险的特种设备，其中以蒸汽锅炉危险性较高。

锅炉在运行中，锅炉内的压力若超过最高许可工作压力可导致锅炉超压爆炸事故。锅炉发生超压而危及安全运行时，应采取手动开启安全阀或者放空阀等降压措施，但严禁降压速度过快，锅炉严重超压消除后，要停炉对锅炉进行内外部检修，要消除因超压造成的变形、渗漏等，维修更换不合格的安全附件。

锅炉缺水时指水位低于最低安全水位，将会危及锅炉的安全运行，严重缺水时，必须紧急停炉，严禁盲目向锅炉给水。决不允许为掩盖造成锅炉缺水的责任而盲目给水，这种错误的做法往往扩大事故甚至造成锅炉爆炸。

满水指水位高于最高安全水位线而危及锅炉安全运行，严重时蒸汽管道发生水冲击，法兰处向外冒气，如果是轻微满水，应减弱燃烧，减少或停止给水。使水位降到正常水位线；如果是严重满水，应做紧急停炉处理，停止给水，迅速放水，加速疏水，待水位恢复正常，查明原因并解决后，方可恢复运行。

锅炉运行中，锅水和蒸汽共同升腾产生泡沫，锅水和蒸汽界限模糊不清，水位剧烈波动，蒸汽大量带水而危及锅炉安全运行的现象，称为汽水共腾。应采取以下应急措施：降低锅炉负荷，加强上水放水，直到炉水质量合格为止；开启蒸汽管道疏水阀门疏水；关小主汽阀，减少锅炉蒸发量，降低负荷；完全开启锅筒上的表面排污，同时加大给水量，降低锅水的碱度和含盐量；开启过热器及蒸汽管道和分气缸上的疏水阀；维持锅炉水位略低于正常水位。

锅炉运行中，锅炉水冷壁管或对流受热面管发生破裂而危及锅炉安全运行的现象，称为爆管事故。炉管如果破裂不严重，且能维持正常水位，可以短时间降低负荷维持运行，启用备用炉后停炉。不能维持水位时，应紧急停炉，但引风机不能停止运行，还应继续给锅炉上水，降低管壁温度。如因缺水使管壁过热而爆管时，应紧急停炉，严禁锅炉给水，并撤出余火降低炉膛温度。

锅筒及管道内蒸汽与低温水相遇时蒸汽被冷却，体积缩小，局部形成真空，水和蒸汽发生高速冲击，具有很大的惯性力的流动水撞击管道部件，同时伴随巨大的响声和振动的现象，称为锅炉水击事故。应查明是蒸汽管内水击还是给水管或排污管内发生水击，或者是锅炉内水击，然后再分别采取措施消除。

由于外部原因造成突然停电时，为防止锅炉产生汽化，应立即启动蒸汽泵加水。应定期依次开启各部放汽阀门，将炉内产生的蒸汽及时排除。

锅炉岗员工作业过程中主要存在超压爆炸、灼烫等危害。

（五）化验岗

油、水化验包括测定原油含水率、测定原油密度和黏度、测定原油含蜡胶量以及水样化验等。

目前油田原油含水率的测定有两种常用方法，即加热蒸馏法和离心法。用加热蒸馏法测定原油含水率时，其升温速率应控制在每分钟蒸馏出冷凝液 2～4 滴，如果加热升温过快，易造成突沸冲油而引起火灾。测定原油密度、黏度时，试样必须在烘箱内烘化，严禁用电炉或明火烘烤，以免引起容器炸裂伤人和火灾。测定原油含蜡胶量时，由于采用选择性溶剂进行溶解和分离，使用的石油醚、无水乙醇又是低沸点、挥发性易燃易爆物品，回收溶剂时，如果加热温度高就可能造成火灾、爆炸事故。测定水中各种离子含量时，常用化学分析方法进行。由于在化验分析过程中使用和接触的各种化学药品如溴、过氧化氢、氢氟酸等物质都具有一定的毒性，如果使用不当或保管不好，都会造成中毒事故以及酸碱腐蚀。化验岗人员直接和毒性强、有腐蚀性、易燃易爆的化学药品接触，而且要操作易破碎的玻璃器皿和高温电热设备，如果在化验分析过程中不注意安全，就很可能发生人身伤害、人员中毒甚至火灾、化学性爆炸事故。另外，化验过程中使用到的电气设备，若无保护接地，或未设置漏电保护装置，也有可能造成人员触电伤害。化验岗员工操作过程中主要存在火灾、化学性爆炸、中毒、化学性灼伤、触电等危害。

第三章 油气田生产岗位危害因素识别

油气生产企业危害识别是一项持续性的安全管理工作，其目的在于准确识别系统中存在的各种危害因素，掌握系统潜在事故发生的根源，把握系统安全风险的大小，并从企业生产管理全局出发，制定并落实危害控制措施，确保油气系统安全平稳运行。

危害识别工作应依靠本企业的技术人员和现场管理人员。他们直接来自生产现场，直接掌握各种技术资料和管理资料，非常了解生产系统特性及潜在的各种事故隐患，对本单位的生产活动、技术水平、工艺流程、工艺设备、生产方式以及固有的危险性质非常清楚，因此可使危害识别更加全面。

在识别与评价工具的选择上，其工作重点主要在于准确查找系统危害因素。评价方法以定性为主，定量计算根据具体情况而定。

第一节 油气田生产岗位危害识别基本要求

一、总体要求

危害识别主要取决于企业的规模、性质、作业场所状况及危害的复杂性等因素。企业在进行危害辨识、评价和控制过程中要充分考虑其现状，以满足实际需要和适用的职业安全健康法律、法规的要求。

企业应将危害识别作为一项主动的管理手段来执行，如企业应在开展生产活动、施工作业或工艺设备、物料、管理程序、制度程序、制度调整等工作之前开展这项工作。应对识别出的危害采取必要的预防、降低和控制措施。

二、控制原则

油气生产企业应辨识和评价各种影响员工安全、健康的危害，并按如下优先顺序确定预防和控制措施：

（1）消除危害。

（2）通过工程措施或组织措施从源头来控制危害。

（3）制定安全作业制度，包括制定管理性的控制措施来降低危害的影响。

（4）上述方法仍然不能完全控制或降低危害时，应按国家规定提供相应的个人防护用品或设施，并确保这些个人防护用品或设施得到正确使用和维护。

三、危害识别工作应考虑的主要内容

危害识别工作应考虑的主要内容如下：

（1）适合本企业的有关职业安全健康的法律、法规及其他要求。

（2）企业 HSE 方针和工作目标。

（3）事故、事件和不符合记录。

（4）HSE 管理体系审核结果。

（5）员工及其代表、HSE 委员会参与生产作业场所职业安全健康评审和持续改进活动的信息。

（6）与其他相关方的信息交流。

（7）生产运行、施工作业等方面的经验、典型危害类型、已发生的事故和事件的信息。

（8）油气生产设施、工艺过程和生产活动的信息。主要包括：

① 体系或体系文件变更的详细资料。

② 场地规划和平面布置。

③ 工艺流程图。

④ 危险物料清单（原材料、化学品、废料、产品、中间产品、副产品等）。

⑤ 毒理学和其他职业安全健康资料。

⑥ 监测数据。

⑦ 作业场所环境数据等。

四、危害识别和控制工作的范围及注意事项

油气生产企业应确定将要开展的危害识别和控制工作的范围，确保其过程完整、合理和充分，重点满足如下要求：

（1）危害识别和风险控制工作的开展，必须全面考虑常规和非常规活动对系统的影响。这种活动不仅针对正常的油气生产及其作业，还应针对周期性或临时性的活动，如装置清洗、检修和维护、装置启动或关停、施工抢险作业等。

（2）除考虑企业员工生产活动所带来的危害外，还应考虑承包方人员和访问、参观人员等相关方的活动，以及使用外部提供的产品或服务对油气生产系统的不利影响。

（3）识别及评价工作应考虑作业场所内所有的物料、装置和设备可能造成职业安全健康危害，包括过期老化以及库存的物料、装置和设备。

（4）进行危害识别时，应考虑危害因素的不同表现形式。

（5）危害识别和控制工作的时限、范围和方法。

（6）评价人员的作用和权限。

（7）充分考虑人为失误这一重要因素。

（8）发动全员参与，使他们能够识别出与自己相关的危害因素，找出隐患，这也是企业 HSE 管理的基础。

第二节 油气田生产岗位危害识别及控制程序

系统内在危险性和社会环境、自然环境以及周边物理环境与系统之间的相互影响共同构成了油气生产系统的安全风险。油气生产安全管理是指将油气生产安全风险减至最低的管理过程，它的实现主要依靠的工具就是危害识别及控制。油气田生产岗位危害识别及控制涉及多方面因素，其基本过程包括危害识别、评价和控制，整个程序如图 3.2.1 所示。

油气田生产岗位危害识别应根据油气生产的特点，对油气田生产岗位进行全面地危害识别分析。根据油气田生产岗位的具体情况，选用具有针对性的危害识别计算方法，进行分析并确定风险等级。

油气田生产岗位危害识别是针对油气生产过程的各个生产岗位进行全面、系统地危害辨

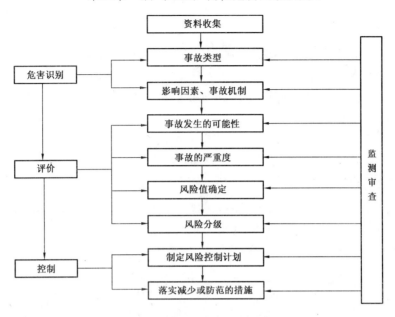

图 3.2.1 油气田生产岗位危害识别及控制基本程序

识、评价与控制的过程。其主要手段是通过调查、分析油气生产过程中存在的危害因素和危险程度，评价系统设备、设施、装置的安全状况和安全管理水平以及生产过程中管理因素的影响，提出合理可行的安全对策和措施，从而降低安全风险，有效预防事故发生，切实保障岗位人员的健康和生命安全。其具体步骤如图 3.2.2 所示。

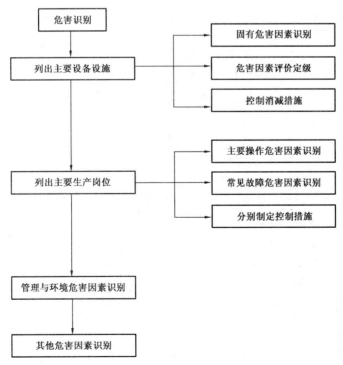

图 3.2.2 油气田生产岗位危害识别步骤

第三节 岗位危害识别方法

危害识别方法有很多种，油气生产企业应根据危害识别的工作目标，针对识别对象的性质、特点、不同寿命阶段来确定。

方法的选择还应充分考虑危害识别与生产人员的知识、经验和工作习惯等方面的情况。常用的危害辨识方法有直观经验分析方法和系统安全分析方法。

一、直观经验分析方法

直观经验分析方法适用于有可参考的先例，有以往经验可以借鉴的系统。可根据油气生产企业的安全生产状况、系统的自然条件、工艺条件、人员素质等进行类推，查找系统危险因素并识别其危险程度。直观经验分析方法包括两种：

（1）对照、经验法。

通过对照有关法律、法规、标准或检查表以及依靠相关技术专家的观察分析，借助经验和判断能力，直观地评价对象的危险性。对照、经验法是危害识别中常用的方法，优点是简便、易行，缺点是受相关技术专家知识、经验和信息等的限制，识别过程可能出现遗漏等问题。为了弥补个人判断的不足，常采用专家会议的方式来相互启发、交换意见、集思广益，使危害识别更加细致、具体和全面。

（2）类比法。

利用相同或相似油气生产系统、作业条件的经验和职业安全卫生的统计资料来类推、分析识别系统中的危害因素。

二、系统安全分析方法

系统安全分析方法是安全系统工程的核心，目前国内外已有数十种方法，每一种方法都有自己产生的历史背景和环境条件，各有特点。

在这些方法中，有的方法以系统安全工程知识和数理理论为基础，一般仅适用于专业研究机构使用，其评价结果可以定量化，能够为企业提供比较专业的决策意见。

但就油气生产企业危害识别而言，企业决策者更需要的是准确掌握系统存在的事故隐患和总体安全风险的大小，并以此作为安全决策的依据。所以识别方法的选择，应根据特定的环境、工作目标以及所研究系统的条件，选择最为恰当而简捷的分析方法，尽最大可能识别出所有危害，从而有针对性地采取相应的安全防范措施。

常用的系统安全分析方法主要有以下几种：

（1）安全检查表法（SCL）。

（2）预先危险性分析（PHA）。

（3）事故树分析（FTA）。

（4）危险和可操作性分析（HAZOP）。

（5）工作安全分析（JSA）。

（6）作业条件危险性分析（LEC）。

（7）道化学火灾、爆炸指数法（DOW）。

常用系统安全分析方法比较见表3.3.1。

表3.3.1　常用系统安全分析方法比较

序号	分析方法	适用性	特点
1	安全检查表法（SCL）	定性分析危害	安全检查表是组织熟悉检查对象的人员经过充分讨论后编制出来的。相对系统、全面，不易漏掉能导致危险的关键因素，克服了盲目性
2	预先危险性分析（PHA）	定性分析危害类别、产生条件、事故后果等	是在每项生产活动之前，特别是在设计的开始阶段，对系统存在的危险类别、出现条件、事故后果等进行概略地分析，尽可能评价出潜在的危险性，是一种应用范围较广的分析方法。能够针对危害因素提出消除或控制的对策措施
3	事故树分析（FTA）	进行定性或定量分析识别主次危险因素	又叫故障树分析法，是从要分析的特定事故或故障（顶上事件）开始，层层分析其发生原因，直到找出事故的基本原因（底事件）为止。采用逻辑的方法，形象地进行危险的分析工作，直观、明了，思路清晰，逻辑性强，可以做定性分析，也可以做定量分析。体现了以系统工程方法研究安全问题的系统性、准确性和预测性，是安全系统工程的主要分析方法之一
4	危险和可操作性分析（HAZOP）	定性工艺安全分析	评价由于装置、设备的个别部分的误操作或机械故障引起的潜在危险，并评价其对整个系统的影响
5	工作安全分析（JSA）	定性分析研究工作每个步骤的潜在危害识别	生产活动有很多不可预见因素，经常有临时性的作业，原来的针对固定作业过程的危害识别和风险控制活动并不能完全涵盖此类作业的风险，工作安全分析可识别临时性作业危害因素
6	作业条件危险性分析（LEC）	半定量确定危险程度	全面考虑作业过程中的危险因素，提出事故发生的可能性和可能导致的后果，分析确定危险性等级
7	道化学火灾、爆炸指数法（DOW）	定量确定事故的破坏程度分析	利用系统工艺过程中的物质、设备、物量等数据，通过逐步推算的公式，对系统工艺装置及所含物料的实际潜在火灾、爆炸危险及反应性危险进行评价

第四节　设备设施固有危害因素识别

油气生产过程中，涉及多种设备设施及装置，由于输送及处理的介质为原油及天然气等易燃易爆物质，同时伴随着高温高压等处理方式，属于高危生产过程，设备本身存在着较高的固有危险性，而由于设备自身缺陷造成故障对操作、巡检及维护作业人员有着较大的威胁，充分认识到设备设施的固有危险，是避免事故发生并造成人员伤害的前提之一。

本部分主要从物的不安全状态角度对油气生产站场的设备设施及装置的固有危害进行具体分析，同时考虑设备正常运行中存在的故障（带病运转、超负荷运转），按表2.1.1中"物的因素"给出的危害因素分类和项目逐项进行检查分析，并给出防范消减措施。同时，可利用预先危险性分析方法、作业条件危险性分析方法等对设备设施的危险等级进行确定。对于识别出的高度危险可采用其他定量分析方法进行评价，分析其危害消减措施的有效性。设备设施固有危害因素识别举例见表3.4.1和表3.4.2。

表 3.4.1　抽油机井固有危害或故障及防范措施

序号	危害或故障	原因分析	相应防范消减措施
1	设备缺陷（稳定性差）	(1) 基础不牢固，支架与底座连接不牢固，抽油机严重不平衡，地脚螺栓松动，抽油机未对准井口可导致底座和支架振动。 (2) 曲柄销锁紧螺母松动，曲柄孔内脏，曲柄销圆锥面磨损可导致曲柄振动	(1) 按设计要求建筑基础，加金属片并紧固螺栓，调整抽油机平衡，拧紧地脚螺栓，对准井口。 (2) 上紧锁紧螺母，擦净锁孔，更换曲柄销
2	设施缺陷（密封不良）	(1) 润滑油过多。 (2) 箱体结合不良。 (3) 放油丝堵未上紧。 (4) 回油孔及回油槽堵塞。 (5) 油封失效或唇口磨损严重可导致减速箱体与箱盖结合面或轴承盖处漏油	(1) 放出多余油。 (2) 均匀上紧箱体螺栓。 (3) 拧紧放油丝堵。 (4) 疏通回油孔，清理回油槽中的脏物使之畅通。 (5) 油封在运转一段时间后，应在二级保养时更换，不能更换造成油封的唇口磨损严重而漏油，应更新油封
3	设备故障（设备过热）	(1) 润滑油过多或过少。 (2) 润滑油牌号不对或变质都可导致减速箱油池温度过热。 (3) 润滑油不足。 (4) 轴承盖或密封部分摩擦。 (5) 轴承损害或磨损。 (6) 轴承间隙过大或过小可导致轴承部分过热	(1) 按液面规定位置加油。 (2) 检查更换已变质的润滑油。 (3) 检查液位，并加入润滑油。 (4) 拧紧轴承盖及连接部位螺栓，检查密封件。 (5) 检查轴承，损坏者更换。 (6) 调整轴承间隙
4	附件缺陷（制动器缺陷）	(1) 刹车片未调整好。 (2) 刹车片磨损。 (3) 刹车片或刹车鼓有油污导致刹车系统失灵	(1) 调整刹车片间隙。 (2) 更换刹车片。 (3) 擦净污油
5	振动（噪声）	(1) 钢丝绳缺油发干。 (2) 钢丝绳断股导致驴头部位振动。 (3) 连杆销被卡住。 (4) 曲柄销负担的不平衡力矩太大。 (5) 连杆上下接头焊接质量差导致连杆振动（并可能导致连杆断裂）。 (6) 连杆未成对更换	(1) 给钢丝绳加油。 (2) 更换钢丝绳。 (3) 正确安装连杆销。 (4) 消除不平衡现象，重新找正抽油机。 (5) 检查焊接质量。 (6) 连杆成对更换
6	电机振动	(1) 电机基础不平，安装不当。 (2) 电机固定螺栓松动。 (3) 转子和定子摩擦。 (4) 轴承损坏导致电机振动	(1) 调整皮带轮至同心位置，紧固皮带轮。 (2) 紧固电机固定螺栓。 (3) 转子与定子产生摩擦应维修。 (4) 更换轴承
7	电机故障	(1) 一相无电或三相电流不稳。 (2) 抽油机载荷过重。 (3) 抽油机刹车未松开或抽油泵卡泵。 (4) 磁力启动触点接触不良或被烧坏。 (5) 电机接线盒螺钉松动导致电机启动故障	(1) 检查并接通缺相电源，待电压平稳后启动抽油机。 (2) 解除抽油机超载。 (3) 松开刹车，进行井下解卡。 (4) 调整好触点弹簧或更换磁力启动器。 (5) 上紧电机接线盒内接线螺钉

表 3.4.2 单井管道固有危害或故障及防范措施

序号	危害或故障	原因分析	相应防范消减措施
1	设备缺陷（强度不够）	系统压力骤然升高导致管道承压超过其屈服强度并发生管道开裂，引发物理性爆炸事故	（1）加强管道维护管理（尤其对运行时间长且腐蚀严重的管道），确保系统处于良好的运行状态。 （2）定期进行管道安全检查和压力管道检验
2	设备缺陷（耐腐蚀性差）	管道腐蚀导致壁厚减薄，应力腐蚀导致管道脆性破裂	加注缓蚀剂，减缓管道腐蚀
3	设备缺陷（应力集中）	外力冲击或自然灾害破坏导致管道产生应力集中	对管堤进行维护，保证其覆土厚度及埋深，管道敷设采取弹性敷设增强抗震性能
4	防护缺陷（泄压装置缺陷）	自动泄压保护装置缺陷可导致工作状态不稳，管道剧烈振动	设置自动泄压保护装置，防止液击和超压运行
5	附件缺陷（密封缺陷、运动物伤害）	（1）一次仪表或连接件密封损坏。 （2）阀门、法兰及其他连接件密封失效导致泄漏。 （3）阀门质量缺陷，阀芯、阀杆、卡箍损坏飞出带压紧固连接件突然破裂；带压紧固压力表的连接螺纹有缺陷导致压力表飞出	（1）加强管子、管件、连接件及检测仪表的检查、维护和保养。 （2）确保投用的阀门质量（此项工作属于建设期问题）。巡检过程中严格检查压力表、阀门及其他连接件的工作情况，发现异常及时处理
6	故障（管道腐蚀穿孔）	防腐缺陷，导致管道腐蚀穿孔或破裂	严格执行压力管道定期检验
7	故障（液击）	阀门关闭、开启过快或突然停电产生液击，导致管道损坏	加强巡回检查，严密监视各项工艺参数，及时发现事故隐患并及时处理

第五节 生产岗位常见操作或故障危害因素识别

由于油气田生产岗位操作过程复杂多样，对常见的操作进行危害识别分析主要从人的不安全行为角度对操作危险性进行具体分析，同时考虑由于操作等原因可能造成的设备故障等异常状态因素。按表 2.1.2 给出的危害因素并结合操作对设备的影响进行全面识别分析，可采用工作安全分析方法分析操作的危害因素并给出防范消减措施。对于危险程度较高的危害因素可进一步采用事故树的分析方法，找出能控制或减少顶上事件发生的基本事件，便于在操作中予以控制。

油气田生产全面负责现场设备的运行操作、巡检，常见的危害因素举例见表 3.5.1 至表 3.5.15。

表3.5.1 抽油机井启机过程中常见危害因素

序号	危 害	相应防范消减措施
1	检查抽油机时，电气设备漏电，手臂接触电气设备裸露部位，易发生触电事故	启停机前，用试电笔验电
2	切断电源时易造成触电事故	应侧身切断电源
3	启机时，抽油机周围有人或障碍物，易造成机械伤害或其他事故	启机前，应确认抽油机周围无人或障碍物
4	启机时，未检查井口流程，易造成油气泄漏、火灾、爆炸等	启机前，确认井口流程通畅
5	启机时，未松开刹车，易造成电气设备烧毁	启机时，确认刹车松开

表3.5.2 抽油机井口憋压常见危害因素

序号	危 害	相应防范消减措施
1	没有检查井口生产状况使其具备憋压条件，易造成油气泄漏、火灾、爆炸等事故	认真检查井口流程，确认不具备憋压条件，避免发生油气泄漏事故
2	停机时，没有验电，没有切断电源，配电箱等电气设备漏电，易发生触电事故	停机时，先验电并切断电源
3	开关井口回油阀门时没有侧身，易造成物体打击事故	开关井口回油阀门时应侧身
4	憋压值超过压力表的量程，易造成物体打击等人身伤害事故	憋压值不超过压力表的有效量程

表3.5.3 抽油机井调平衡过程中常见危害因素

序号	危 害	相应防范消减措施
1	启停机、测量电流时，配电箱等电气设备漏电，易发生触电事故	启停机时，应在配电箱上用试电笔验电
2	停机作业时，由于死刹（安全制动）没有锁死，易造成机械伤害事故	抽油机刹车要刹紧，死刹（安全制动）要锁死
3	登高作业时，易发生高处坠落事故	高处作业时应正确使用安全带
4	紧固平衡块螺钉使用大锤时戴手套、用力过猛、落物易造成物体打击事故	高处作业时禁止抛送物件，以防落物伤人。平衡块下方严禁站人，移动平衡时不要用力过猛。严禁戴手套使用大锤

表3.5.4 抽油机井巡检过程中常见危害因素

序号	危 害	相应防范消减措施
1	在检查并调整密封填料压帽松紧度时，用手抓光杆或光杆下行时检查光杆，易发生机械伤害事故	严禁手抓光杆
2	检查抽油机运行状况时，人与抽油机间距离不符合安全距离要求，易发生机械伤害事故	检查抽油机时，应保持安全距离
3	检查变压器、配电箱等电气设备时，易发生触电事故	检查电气设备前，应用试电笔验电

表3.5.5　注水井巡检过程中常见危害因素

序号	危　害	相应防范消减措施
1	调水量时，开关阀门未侧身，管钳开口未向外，易造成物体打击事故	侧身、平稳开关阀门；管钳或F扳手开口向外
2	录取压力等资料时，带压拆卸压力表，易造成物体打击等人身伤害事故	拆卸压力表时放净压力

表3.5.6　注水泵巡检过程中常见危害因素

序号	危　害	相应防范消减措施
1	启泵前未检查相关工艺流程，易造成工艺流程倒错或管线憋压	倒通相关工艺流程
2	启泵前未排空气体，产生气蚀，易损坏设备	打开泵进出口阀门，排空泵内气体
3	工频泵出口阀门未关闭或启动电流未回落时开出口阀门，易烧毁电机	确认泵出口阀门处于关闭状态，启动注水泵，缓慢开启出口阀门
4	运行过程中超负荷运行、振动过大或轴承温度过高会引发设备事故	运行正常后，检查运行压力、振动、轴承温度等参数，确保在规定范围内运行
5	连续两次以上热启动，易引发电路故障	不能连续两次热启动

表3.5.7　加药泵启泵准备（井口）过程中常见危害因素

序号	危　害	相应防范消减措施
1	仪表显示不正常，设备超载运行，损坏电动机	检查泵的各阀门及压力表是否灵活好用
2	各连接部位松动，运行时脱落发生设备事故	检查各连接部分是否堵塞或松动
3	缺润滑油或油质不合格，长期运行轴承温度高于限值，引发设备事故	检查油质、油位是否合格及正常
4	不盘泵、转动不灵活或有卡阻，启泵时烧毁电动机	盘泵转动使柱塞泵往复两次以上，检查各转动部件是否转动灵活
5	保护接地松动、断裂，引发触电事故	检查电路接头是否紧固，电动机接地线是否合格
6	未检查电压表读数，电压过高、过低或缺相，易造成配电系统故障，严重的会烧毁电动机	检查电压是否正常且在规定范围内，系统是否处于正常供电状态，电动机转动部位防护罩是否牢固，漏电保护器是否动作灵活
7	药缸渗漏造成药液流失，污染环境，液位过低泵抽空，损坏设备	检查药缸是否完好，药液是否按规定浓度配置，液位是否符合生产要求

表 3.5.8　真空加热炉启炉过程中常见危害因素

序号	危　害	相应防范消减措施
1	启炉前未进行强制通风或通风时间不够，炉内有余气，引发火灾、爆炸及人身伤害事故	进行强制通风，检查炉内无余气后按启动按钮倒通相关工艺流程
2	未进行有效排气，达不到真空度，进液介质温度达不到生产要求	待锅筒温度达到 90℃后，打开上部排气阀，排气5～10min 后关闭排气阀，加热炉进行正常生产操作
3	开关阀门时未侧身，发生物体打击，引发人身伤害事故	开关阀门时侧身操作
4	检测不正常时，未根据指示做好检查与整改，擅自更改程序设置，违章点火，引发火灾、爆炸事故	启运后，要及时检查加热炉运行状况，并做好上下游相关岗位信息沟通
5	运行时未进行严格生产监控、巡检和维护，以至于不能及时发现和处理异常，引发火灾、爆炸或污染事故	启运后，要及时检查加热炉运行状况，并做好上下游相关岗位信息沟通
6	相关岗位信息沟通不及时、不准确，发生设备事故	启运后，要及时检查加热炉运行状况，并做好上下游相关岗位信息沟通

表 3.5.9　压力表指针不转常见危害因素

序号	危　害	相应防范消减措施
1	压力引入接头或导压管堵塞	卸表检查，清除污物
2	指针和盖子玻璃相接触，阻力大	增加玻璃与扼圈内的垫片，脱离接触
3	截止阀未开或堵塞	检查截止阀
4	内部转动机构安装不正确，缺少零件或零件松动，阻力过大	拆开检查，配齐配件或加润滑油，紧固连接处

表 3.5.10　压力表指针跳跃不稳常见危害因素

序号	危　害	相应防范消减措施
1	弹簧管自由端与拉杆结合螺纹处不活动，弹簧管扩张时，使扇形齿轮有续动现象	矫正自由端与拉杆和扇形齿轮的传动
2	拉杆与扇形齿轮结合螺纹不活动	修正拉杆与扇形齿轮结合部
3	轴的两端弯曲不同心	校正或更换新轴

表 3.5.11　阀门密封填料渗漏常见危害因素

序号	危　害	相应防范消减措施
1	密封填料未压紧	均匀拧紧压盖螺栓
2	密封填料圈数不够	增加密封填料至需要量
3	密封填料未压平	均匀压平整
4	密封填料使用太久失效	换密封填料
5	阀门丝杆磨损或腐蚀	修理或更换丝杆

表 3.5.12 阀门的阀杆转动不灵活常见危害因素

序号	危 害	相应防范消减措施
1	密封填料压得太紧	将密封填料压紧程度进行调整
2	螺杆螺纹与螺母无润滑油,弹子盘黄油干涸变质,有锈蚀	涂加润滑油
3	与阀杆螺母或与弹子盘间有杂物	拆开清洗
4	阀杆弯曲或阀杆、螺母螺纹有损伤	校直、清洗或更换阀杆
5	密封填料压盖位置不正卡阀杆	调整密封填料压盖

表 3.5.13 塔设备(脱乙烷塔、脱丁烷塔、脱戊烷塔、凝析油稳定塔等)开工时超压常见危害因素

序号	危 害	相应防范消减措施
1	升温太快	可适当降低升温速度,并调节压控阀降低压力
2	空冷风机未打开或未打开喷淋水	应立即启动空冷,启动水泵打喷淋
3	塔顶采出系统未改通流程	要认真检查改通流程
4	串入瓦斯、C_2、不凝气等组分	打开高瓦或低瓦,将轻组分排除

表 3.5.14 塔设备(脱乙烷塔、脱丁烷塔、脱戊烷塔、凝析油稳定塔等)生产中超压常见危害因素

序号	危 害	相应防范消减措施
1	塔底升温速度太快	降低塔底温度
2	塔底温控失灵,塔压控失灵	温控改用副线控制,联系仪表维护人员处理,必要时可先关掉重沸器蒸汽,降温放压,当温度、压力降低后再恢复正常生产
3	塔顶回流控制阀失灵	可改副线控制,联系仪表维护人员处理
4	进料量增大、组分变轻或乙烷含量高	降低进料量,调整前塔操作,不凝气排空
5	回流罐压控失灵	改副线控制,联系仪表维护人员处理
6	冷后温度高	加大冷却能力,冷却能力不足时降量生产

表 3.5.15 发生满塔或空塔常见危害因素

序号	危 害	相应防范消减措施
1	因为指示液位偏差或较长时间没有检查引起的满塔	满塔后,在操作中明显的特点是提不起塔底温度。如果是整个塔系统(包括回流罐)全部装满,就会引起系统压力突然上升,这种情况是非常危险的。所以,当发现塔底液面满后要及时处理,停止进料或降量并开大塔底排出及塔顶产品外甩量
2	空塔	减少塔底排出量或关死排出阀,待液面正常后,操作即可转入正常

第六节　管理及环境危害因素识别

对油气生产站场的安全管理及环境危害因素进行具体分析，参考表 2.1.1。对导致事故、危害的直接原因中管理因素、人的因素和环境因素利用安全检查表法，对每个油气生产站、队生产过程中的职业安全卫生管理体系、规章制度、培训、任务设计和组织、人的因素、控制系统等方面进行全面识别分析并提出有针对性的改进措施。本书列举了某站的管理、环境危害因素识别检查表（表 3.6.1），由于各个生产单位的自身特点不同，检查项目可参考表 3.6.1，也可以根据各生产单位的具体情况对检查项目进行修订。

表 3.6.1　某站管理、环境危害因素识别检查表

危害类别	检查内容	实际情况
一、职业安全卫生管理体系	（1）生产、经营单位应当设置安全生产管理机构或者配备专职安全生产管理人员，安全生产管理机构定期研究、讨论、检查安全工作，并有记录	最高管理者对安全全面负责并设有专职 HSE 工程师负责日常安全管理工作
	（2）生产经营单位必须建立、健全安全生产责任制，单位主要负责人对本单位安全生产工作全面负责。安全生产责任制具体、可操作性强并应有监督、检查机制和考核办法	有安全生产责任制，有考核办法
	（3）生产经营单位必须依法加强安全生产管理，组织制定本单位安全生产管理制度。管理制度应结合实际，可操作性强，并应根据实际情况不断完善改进。员工充分了解安全的重要性和违反程序的纪律处分	所有人均很了解管理制度，每位员工都负有责任，而且充分了解安全的重要性和所有相关处分
	（4）应建立应急救援组织，落实应急救援队伍，配备应急救援物资、设备和器材并维护保养良好，有本单位事故应急救援预案演练计划及演练记录。建立生产事故的相应制度	具备应急救援组织，预案定期演练并建立事故报告、登记等制度
	（5）对员工的违章行为或违背操作规程有监督检查机制，而不是以随意的口头指令来指导员工的操作	没有口头指令这种情况的发生
	（6）工作环境（包括室内作业场所、室内作业场地、地下作业环境），如设备设施总体的整洁和拥挤情况等是否维持在一个可接受的程度，情况没有恶化的趋势	工作环境，如设备设施总体的整洁和拥挤情况均维持在一个可接受的程度，一旦发现不正常的情况，会马上向上级报告
	（7）所有意外事件都应被确认，应建立事故报告、登记制度和事故调查、处理制度。事故调查报告找出根本的原因，提出随后的改进措施	所有意外事件均被确认，调查仔细，认真分析原因和解决办法
	（8）有有效的方法来发现和改正由于酗酒或药物滥用等造成员工辨识功能缺陷（感知延时、辨识错误等）的现象	有这样的方法
	（9）有有效的方法来发现员工的健康状况不良和心理异常（情绪紧张等），使员工能满足生产任务的需要	有这样的方法

续表

危害类别	检 查 内 容	实 际 情 况
一、职业安全卫生管理体系	（10）当员工感觉到他们的工作可能受负荷超限影响时，管理层有有效的方法来减轻他们的疲劳	有，如组织活动或强制休假等
	（11）能识别在某一方面是否存在容易诱发人为失误（指挥错误、操作错误、监护失误）的情形	管理层会很重视这种因素的存在
	（12）员工有清晰的、成文的指南判断何时采取措施来关闭一个单元或中断一项行为，以免因为担心事后被质疑决定的正确性而干扰其决策过程	有这样的操作程序
	（13）单位的安全生产投入应包括劳动教育培训、劳动防护用品、重大隐患治理、安全检查工作、有关安全防护器材配置及工伤保险等	有安全投入专项资金保障
	（14）应制定有突发公共卫生（传染病）事件应急预案和工作方案，传染病防治工作应纳入年度工作计划	具备相应的应急救援预案
	（15）人员变动频率应维持在可接受的水平，有程序控制人员变更，来保持管理和技术队伍的稳定性	有这样的程序
	（16）对相关方（供应商、承包商等）的风险管理，应在合同签订、采购等活动中明确相应责任	有相关的管理程序
二、规章制度	（1）生产经营单位应组织制定本单位安全生产操作规程，安全生产操作规程应内容全面，可操作性强，涵盖本单位各工种、岗位，例如开车、停车、闲置、正常运行和紧急情况等	存在
	（2）规程应明确主要的紧急情形，有相应的操作规程用于这些事故的控制。与现场操作人员协调，并将人员和财产的损失降到最小程度。员工能方便地获取并理解使用这些操作规程	该部分确定了主要的紧急情况，有相应的操作规程，每位员工都能很方便地得到操作规程
	（3）操作规程应清晰和完整。术语的使用统一并与使用者的理解水平相匹配	是
	（4）操作规程应保持更新。对操作规程审查，与使用者的行为进行对照，并进行适当地修正	操作规程严格按照作业区相应的管理程序进行定期与不定期的更新或修正
	（5）操作规程的审核和编写工作应有操作规程使用者的参与	使用者参与了操作规程的审核和编写
	（6）岗位配备的操作规程应保持最新修订版本，操作规程作为受控制的文件得到维护，并且严禁未经授权的复制而导致混乱	岗位配备的操作规程是最新的版本，操作规程的管理按照作业区的管理程序严格地受到控制
	（7）员工能容易和快速获取操作规程，操作规程编有合适的索引	员工获取操作规程容易、快速，便于索引

续表

危害类别	检查内容	实际情况
二、规章制度	（8）有用于核对关键或复杂操作的检查表，检查表与操作规程上的指导保持一致	操作检查表与操作规程指导保持一致
	（9）如果程序文件中某些章节的页面带有颜色，纸张的颜色编码应统一，并被使用者理解。患有色盲的员工也能辨认这些颜色编码	没有使用颜色来区分
	（10）操作规程应指出"为什么这么做"而不仅是"怎么做"，操作规程里包含关于危险源的警告、注意事项或解释	操作规程中有这样的相关说明
	（11）不应有"程序陷阱"（也就是说操作应按照合适的顺序描述，例如在要求的操作步骤前先给予解释性的警告，而不是在这之后）	没有
	（12）如果同样的工艺或设备有不同的配方或配置，操作规程应清晰地表述什么时候和如何使用这些操作指导，有检查方法来确保所使用的程序是对应某配方或配置的正确程序	同样的工艺设备均有相同的配方与配置
	（13）故障排查、工艺异常的响应或应急程序中留给诊断和更正问题的时间应实际可行（情况不会在组织起有效的响应之前失去控制）	有这样的时间余地
	（14）没有太多的变更文件（例如检验授权、临时程序）以便员工都能够充分掌握每个文件的情况	变更文件及程序的复杂程度均能保持在容易接受的水平
	（15）关于操作规程改动的信息，其交流的质量和效果良好	任何改动会召开会议与员工深入地讨论，并且讨论的质量很好
三、培训	（1）应对安全管理人员和从业人员进行安全教育和培训，保证其具备必要的安全生产知识、熟悉安全操作规程，掌握安全操作技能，未经教育和培训合格者不得上岗。人员应当掌握： ① 应具备与本单位所从事的生产经营活动相应的安全生产知识和管理能力，掌握工艺的潜在危险源和危害，采用新工艺、新技术、新材料或者使用新设备的危害因素。 ② 对危险源和危害的防护措施。 ③ 哪些是关键的安全装置、联锁、事故控制设备和管理控制措施。 ④ 为什么设置这些控制措施，以及如何实现控制作用	理解
	（2）进入一个区域的员工（包括临时用工），他的培训内容应同时包括通用的和针对具体区域的安全规章，以及关键的应急程序	包括
	（3）对各操作工种进行相应的岗位培训并对使用各工种专门的应急装备进行培训	提供了这样的培训
	（4）纠错程序（在操作失误后使用）应包含在综合培训内容内	包含这些内容
	（5）信息交流和交接责任方面的培训应组织操作小组一起接受培训	是的

续表

危害类别	检 查 内 容	实 际 情 况
三、培训	（6）培训内容中应包括不经常使用但是非常重要的技能和知识	是的
	（7）故障排查技巧应包括在培训内容中	是的
	（8）操作者应就如何发现紧急情况得到相关培训，并应组织符合实际情况的演习以检测员工对这类事件的反应	是的，有定期的演习
	（9）岗位员工的培训需求（或应掌握技能）应涵盖包括例行的和非例行的操作要求	能够反映这样的要求
	（10）人员应根据岗位所需的技能进行工作分配	是的
	（11）对于在职培训的操作员应有一个有效的监督和导师计划	每位员工每年都会有相应的培训计划
	（12）应确定哪些是关键的维修保养程序，这些程序内容准确易懂	是的
四、任务设计和组织	（1）操作员的工作描述应清晰明确（例如是否存在责任的交叉或缝隙，由于相关责任的模糊不清而出现重要任务被遗漏的可能性）	员工的工作描述很清晰
	（2）应明确是否有部分工艺流程存在界面不清的情况进而可能导致责任不清	没有这样的情况发生
	（3）当几个不同的任务分配给同一个人时，这些任务应能在一段有限的时间内无人照顾自行运行，以便操作员将注意力分配给其中的一个任务	是的
	（4）员工精神和身体上的工作负担应在合理的水平上（就是说在一个持续几个小时工作而不会感到过度疲劳的水平上），如果有高强度工作负担的话，应局限于较短的时间内，并在两次之间给员工留有充足的恢复时间	员工的各种负担都能维持在合理的水平上，并且对于比较繁重的工作，会留有余地让员工休息等
	（5）工作环境不会出现持续长时间的精神、身体上的无动作状态或个人独处情况（例如，在需要时得不到帮助，长时间平静无事造成的感觉迟钝）	不会有这样的情况
	（6）对于需要持续监看的"系统"（例如面板、DCS、容器内操作的守望员、动火作业），应有一个强制执行的制度，确保该系统在运行时一直被照顾到	是的
	（7）如有一些高速、高精度的或高度重复的工作由手动完成，应有相应的控制程序减少发生误操作的情况	有这样的工作，但凡是从事这种工作的不会是一个员工，通常是由一个小组来从事
	（8）手工操作的配料工作（例如给一个反应器加料），应设计方法避免加料数量错误或多次重复加料	无此项工作
	（9）手工操作的配料工作，应对原料的称量和计量装置进行控制	无此项工作
	（10）当操作顺序被打断时，应有辅助手段帮助员工找到进行工序中的具体步骤，说明工序一旦混淆的后果	一旦操作程序被打断，会重新制定或修改操作程序

危害类别	检查内容	实际情况
五、人的因素	（1）明确是否有的操作员工身体状况或能力不能操作或者佩戴应急装备	没有这样的员工，如果有，此员工不会被安排参加应急任务
	（2）在设施的设计时是否考虑到环境条件（温度、照明和气候），它们会影响应急程序的成功启动	考虑到环境条件，有过这样的评价
	（3）是否有任何操作需要长时间穿戴过量的或繁重的个人保护装备，造成身体上的束缚或精神无法集中，以至于妨碍操作员在适当的时间内安全地完成一项操作	没有这样的工作
	（4）对于完成速度是关键因素的任务，是否存在空间拥挤的情况（如到关断装置的应急通道、撤退路线等）	在应急通道、消防通道这样的问题上，均严格遵守国家相应的法律和标准，均能保证畅通
	（5）在设备的周围是否预留了足够的空间以便进行需要的维修任务（如拧紧某个法兰上的一个螺栓是否因为周围的空间太拥挤而变得很困难）	有足够的空间
	（6）是否为要求的任务提供了合适的工具（如在某个工段，因为没有人力气够大可以拧紧螺栓，易燃性气体经常性地从高压热交换器里泄漏出来，购买一个液压螺栓紧固器就能解决这个问题）	站队均配有这样的工具
	（7）相同或相似的设备会不会容易引发误操作（两个例子：应在A单元进行的工作放在B单元上进行；把槽车卸车管线误接到错误的位置）	不会，管线、设备均有标识
	（8）对于关键的管道、阀门、罐和现场指示灯这类设备，应有清晰明确的标识，有专人对这些标识的维护工作负责	有明确的标识，有专人负责，责任明确
	（9）是否有背景噪声或其他分散或打断注意力的因素，听力保护装备不能妨碍交流	有这样的因素，人员均能配备耳塞，对交流的妨碍不大
	（10）员工是否对现有系统自行做出一些改动，这说明设计中有管理因素方面的缺陷（例如把一块纸板盖在显示屏上减轻屏幕反光，或者在不必要的警报喇叭上贴上封带）	对系统的改动均要征求设计单位的同意，并且目前还没这样的改动
六、控制系统	（1）控制方案要进行适当地记录归档	是的，并且能够理解
	（2）控制系统的标识用语应统一并清晰易懂（如"0%阀门负载"是否总是代表阀门关闭）	这样的标识能够清晰易懂
	（3）对于警报、警示灯和警报喇叭这样的装置，其外观（声音）在流程的不同区域应保持统一	是的
	（4）关键的控制器和手动干涉之类的装置不应与普通的控制器相混淆（控制器的布置合理，易分辨）	没有这样的情况出现
	（5）控制器的设计不能与人的直觉相反或违反了大多数人的习惯（大多数人的习惯指的是在人群中一种根深蒂固的行为风格，如习惯将顺时针方向认为是关闭阀门的方向）	没有这样的情况发生

危害类别	检查内容	实际情况
六、控制系统	（6）是否存在有的区域过程控制/警报的颜色或声音类型与其他工段的相反，这对调入或调出该区域的操作员工将是一个很大的问题	没有这样的情况发生
	（7）用手动控制取代自动控制的判断指南应清晰和明确。系统能被设置为自动或手动控制模式的条件应被使用者所理解	这样的判断很明确，并且能够很容易被理解
	（8）应提供在正常和异常的情况下正确操作所需的相关信息	提供了这样的信息
	（9）当选择警报设置时，应考虑到反应时间（仪器/DCS系统的延迟时间和人的反应时间）	考虑到了
	（10）仪器（或视频显示终端）延迟/刷新时间不应太长，以至于操作者有可能出现过度调节的问题	没有这样的问题
	（11）应有有效的方法发现仪器的故障，分析如果关键仪器给出错误的读数，可能会造成什么样的操作失误	有有效的方法，可能会有比较严重的后果，但是有措施防止这样的情况发生
	（12）是否存在指示器（例如条形图表制图笔、刻度盘、视频显示）可能卡住，从而导致不能显示工艺的实际参数值的情况	有这样的情况，但是自动化系统会很及时地恢复正常
	（13）控制系统设计中应考虑在工艺条件异常的情况下可能出现错误的情况（例如当流体密度发生变化时液位信号出现失真）	没有这样的情况出现
	（14）如果控制设置或显示有改动，使用者应总能及时得到通知	是的
	（15）有权限调节控制设置的员工应得到有效的培训	均得到了有效的培训
	（16）系统设计应避免过度敏感的过程控制。控制器应有一个合理的动作范围（如试图用每半转流量值就变化了1000GPM的控制旋钮将流量控制在50GPM，操作失误就很可能会发生）	考虑到了过度敏感的过程控制，会有一个合理的操作范围
	（17）仪器应定期校准或检查	是的
	（18）仪器检查应校验整个仪器回路〔如测试警报时，要从现场传感器发送信号，而不是从同在控制室（CCR）里的压力开关发送信号〕	是的
	（19）仪器故障应得到及时修复，不能有长期将联锁/警报旁路的迹象	是的，没有这样的迹象
	（20）控制系统中如有自动的联锁旁路或警报抑制设计，应有控制措施防止这些设计被滥用	对这些控制用操作权限限制来防止
	（21）关于面板和就地仪器的控制 — ① 控制器应清晰而不杂乱拥挤，应对其进行维护	控制器比较清晰，定期对其进行维护
	② 需要的地方应实行颜色编码，颜色编码应统一（色盲会引发问题吗）	有颜色区分报警级别，没有考虑色盲，但是上岗时会考虑不将色盲放在相关岗位
	③ 对相似的设备布置是否也是相似的（类似设备之间应有相当的区别以避免混淆）	布置比较相似，但是都有比较容易区分的标识
	④ 控制和显示应读取容易	容易读
	⑤ 警报声调/信号应可区分	可以区分

续表

危害类别		检查内容	实际情况
六、控制系统	(22) 关于视频界面	① 如果显示屏出现故障，有冗余渠道可以获取信息	有冗余的显示屏
		② 同一个控制面板可以控制多个控制屏幕时，是否可能出现一面看着错误的屏幕一面进行控制调节的情况？不同的（但看起来是一模一样的）单元是否有相似的控制屏幕	不会有这样的情况发生
		③ 如果屏幕停止刷新信息，使用者应能很快地意识到	能够
		④ 使用者应有时间来确定警报的来源，在屏幕上查找相应的警报信息	有足够的时间
		⑤ 屏幕显示的信息不宜太多	显示的信息能够接受
		⑥ 视频显示器的数量足够用来同时显示需要显示的工艺过程	能够满足这样的要求
	(23) 关于可编程电子系统	① 有适当的检查来避免计算机编程错误	有自检
		② 有程序在安装商业软件或更新软件版本后负责相关的介绍和后续工作	有这样的程序
		③ 有适当的控制措施来确保软件修改工作只能由有资格的和有能力的人员进行	有这样的控制措施
		④ 如果可编程电子系统里包括安全联锁，应实行不同的冗余逻辑方案	有这样的方案
		⑤ 如果有旧的手动（或低级的半自动）控制系统被保留为主系统的后备系统，应进行关于如何使用这些旧设备/控制的复习培训和操作者技能展示	没有这样的系统
		⑥ 软件安全联锁有完善的记录存档	有
		⑦ 可编程电子系统的故障是否会产生随机的输出信号？发生这种情况后操作者如何才能发觉？应有相应的修复程序	有这样的信号，查看报警，人为修复
		⑧ 系统可避免数据输入错误	数据输入有一定的范围

第七节　其他危害因素识别

利用安全检查表的问答形式，对每个油气生产站、队生产过程中的其他危害进行识别分析，其中包括紧急状态、检修状态、外部环境影响、职业危害等其他因素的检查分析。

某站其他危害因素识别检查表见表3.7.1。

表 3.7.1 某站其他危害因素识别检查表

危害类别	检查内容	可能存在的危害因素	实际情况
一、紧急状态下的危害因素	(1) 紧急状态下员工的人身安全受到严重威胁，应有效地保障人身安全，配备相应的个体防护用具	火灾、爆炸等	配备了 8 套正压空气呼吸器等个体防护用具
	(2) 紧急状态设备可能由于停工或设备的不可使用而造成重大的财产损失风险	财产损失等	存在火灾等财产损失风险
	(3) 泄漏的介质是否具有毒性，燃烧产物是否具有毒性，泄漏物扩散的区域对操作人员和周边环境的影响要进行分析。一旦排放，是否有收集措施使其对外部环境的影响降到最低	中毒	泄漏的天然气具有一定毒性，操作人员依据应急预案程序进行疏散，周边 5km 内无其他设施和居民
	(4) 爆炸冲击波对关键设备的破坏力极大，中心控制室临油气处理装置一侧，应设置防爆墙，且不宜开窗	物理、化学性爆炸	设置了防爆墙，控制室面对生产装置一侧无窗
	(5) 事故状态下存在某些对操作者、周边区域、设备等特别危险的热源（如火焰），应对周边环境、邻近设备和人员采取冷却和防护措施	火灾等	存在，并根据相关标准规定来界定危险的界限
	(6) 是否存在大气、水环境等重大的污染问题，应有处理这些问题的信息	环境污染	不存在重大污染问题，通过查阅相关资料获得处理问题的信息
	(7) 应在装置的边缘（界区）设置自动或手动的紧急切断装置。关键性的设备控制件（例如停车开关、阀门）应设置在发生紧急情况时能顺利够触到的地方（例如员工是否需要穿过泄漏物料或火场，才能够到紧急切断部件）	火灾、爆炸等	满足
	(8) 员工在不误动操作面板的前提下能否方便顺利地跨越、经过操作面板（例如紧急停车按钮上是否有罩板？如果有，还应保证在紧急情况下，罩板不会限制按钮的使用）	火灾、爆炸等	能够保证
	(9) 不应有不必要的警报分散了操作人员的注意力而使得更重要的警报被忽视	火灾、爆炸等	没有这样的情况
	(10) 在紧急情况下，当很多警报声同时响起时，操作者能有效地判断，并有方法区分出最重要的警报	火灾、爆炸等	操作者能够有效地判断
	(11) 在紧急情况下，采取的相应对策应简单和容易执行。在紧急状态，一个过于复杂的响应计划不易被成功地执行	火灾、爆炸等	相应计划会有简单的执行动作
	(12) 紧急状态下其他的潜在危害分析	物体打击、车辆伤害、触电、灼烫、高处坠落、坍塌等	有物体打击、灼烫危害存在

续表

危害类别	检 查 内 容	可能存在的危害因素	实 际 情 况
二、检修风险分析	(1) 设备检修期间施工作业中因工程地质问题可能造成坍塌事故	坍塌	制定有相应的操作规程
	(2) 应有防止因打开、盲堵、吹扫、置换、检测等安全技术措施执行不力导致介质泄漏、火灾、爆炸、中毒事故发生的措施	火灾、爆炸、中毒	制定有效的安全技术措施
	(3) 进入受限空间、临时用电、吊装、高处等作业应进行危害分析	分别有中毒窒息、触电、起重伤害、高处坠落等危害	实行作业许可制度确保施工安全
三、职业病——粉尘类	油田生产岗位可能接触到电焊烟尘,是否有相应的控制措施防控电焊工尘肺	粉尘危害	有相应的控制措施防控电焊工尘肺
四、职业病——放射性物质类	是否存在电离辐射?是否有能明显识别的预防措施?需要界定危险的界限,并且能得到这些信息	电离辐射	根据相关标准规定来界定危险的界限
五、职业病——化学物质类	油田生产过程接触到的化学物质多数易燃易爆且有一定毒性,哪些释放的毒性气体会对员工造成伤害?是否拥有足够的毒性数据以界定危险的程度	化学物质危害	甲烷、乙烷、硫化氢等,具备相关危险物质的安全技术说明书
六、职业病——物理因素	高温可能导致中暑,局部振动可能发生手臂振动病,应有相应的控制措施	高温、振动	有相应控制措施
七、职业病——职业性皮肤病	接触硫酸、硝酸、盐酸、氢氧化钠、柴油等,应有措施预防接触性皮炎、眼部和皮肤化学性灼伤、痤疮等	职业性皮肤病	对于接触危险物质的岗位配备抗酸碱工作服等个体防护用具
八、职业病——噪声	采油、转油、气体净化装置通常存在噪声危害,应防止职业噪声聋	噪声	大型设备接触噪声岗位配备耳塞
九、职业病——职业性肿瘤	苯可致白血病,应有控制措施	职业性肿瘤	定期组织接触有毒有害岗位员工体检,学习保健知识
十、外部环境因素	外部环境发生变化会对系统产生影响(如分析季节性风沙对控制系统,洪水等对设备、建筑物,环境低温、雷电、地震等异常情况对设备的影响因素)		定期对控制系统的探头进行检查维护
十一、其他危害因素	系统特有的其他危害因素		

第四章　常用危害识别与评价方法及实例

根据上文中常用的系统安全分析方法及危害识别的工作目标，油气生产企业针对识别对象的性质、特点、不同寿命阶段来确定选用定性的或定量的危害辨识与评价方法进行分析，以便了解和掌握设备或系统的主要危害因素、危险程度以及总体安全风险的大小等信息，并以此作为安全决策的参考依据。在后续内容中给出具体的分析实例。

第一节　安全检查表法

一、方法简介

安全检查表是进行安全检查、发现潜在危险、督促各项安全法规、制度、标准实施的一个较为有效的工具。它是安全系统中最基本、最初步的一种形式。运用系统安全工程的方法，发现系统以及设备、装置和操作管理、工艺、组织措施中的各种不安全因素，按照层次确定检查项目，以提问的方式把检查项目按系统的组成顺序编制成表，以便进行检查或评审，这种表就叫作安全检查表。安全检查表是进行安全检查、发现和查明各种危险和隐患、监督各项安全规章制度的实施、及时发现并制止违章行为的一个有力工具。由于这种检查表可以事先编制并组织实施，自20世纪30年代开始应用以来，已发展成为预测和预防事故的重要手段。安全检查表法是一种最通用的定性安全评价方法，可适用于各类系统的设计、验收、运行、管理阶段以及事故调查过程，应用十分广泛。安全检查表具有以下特点：

（1）检查表的编制系统全面，可全面查找危险、有害因素。

（2）检查表中体现了法规、标准的要求，使检查工作法规化、规范化。

（3）针对不同的检查对象和检查目的，可编制不同的检查表，应用灵活广泛。

（4）检查表简明易懂，易于掌握，检查人员按表逐项检查，操作方便可用，能弥补其知识和经验的不足。

（5）编制安全检查表的工作量及难度较大，检查表的质量受限于编制者的知识水平及经验积累。

安全检查表分析法主要包括四个操作步骤：收集评价对象的有关数据资料，选择或编制安全检查表，现场检查评价，编写评价结果分析。

编制安全检查表应收集研究的主要资料：有关编制、规程、规范及规定、同类企业的安全管理经验及国内外事故案例、通过系统安全分析已确定的危险部位及其防范措施、装置的有关技术资料等。

编制时应注意以下问题：检查表的项目内容应繁简适当，重点突出；检查表的项目内容应针对不同评价对象有侧重点，尽量避免重复；检查表的项目内容应有明确的定义，可操作性强；检查表的项目内容应包括可能导致事故的一切不安全因素，确保能及时发现并消除各种安全隐患。

安全检查表评价单元的确定是按照评价对象的特征进行选择的，例如编制生产企业的安全生产条件安全检查表时，评价单元可分为安全管理单元、厂址与平面布置单元、生产储存场所建筑单元、生产储存工艺技术与装备单元、电气与配电设施单元、防火防爆及防雷防静电单元、公用工程与安全卫生单元、消防设施单元、安全操作与检修作业单元、事故预防与救援处理单元和危险物品安全管理单元等。

可将安全检查表分为不同的类型。为了使安全检查表法的评价能得到系统安全程度的量化结果，有关人员开发了许多行之有效的评价计值方法。根据评价计值方法的不同，常见的安全检查表有否决型检查表、半定量检查表和定性检查表三种类型。否决型检查表是给定一些特别重要的检查项目作为否决项，只要这些检查项目不符合，则将该系统总体安全状况视为不合格，检查结果就为"不合格"，这种检查表的特点就是重点突出。半定量检查表是给每个检查项目设定分值，检查结果以总分表示，根据分值划分评价等级，这种检查表的特点是可以对检查对象进行比较，但对检查项目准确赋值比较困难。定性检查表是罗列检查项目并逐项检查，检查结果以"是"、"否"或"不适用"表示，检查结果不能量化，但应作出与法律、法规、标准、规范中具体条款是否一致的结论，这种检查表的特点是编制相对简单，通常作为企业安全综合评价或定量评价以外的补充性评价。

二、油气生产站场安全检查表

本书对油气生产站场的安全管理及环境危害因素进行了定性的安全检查，检查表见表3.6.1，此处不再举例说明。

第二节　预先危险性分析

一、方法简介

预先危险性分析是一种应用范围较广（人、机、物、环境等方面的危险因素对系统的影响）的定性分析方法。预先危险性分析是在进行设计、施工之前，对系统存在的各种危险、危害因素进行宏观、概略分析的系统安全分析方法，估算危险、危害事故的发生频率和后果程度，确定危险、危害事故的大小和级别，以早期发现系统中潜在的各种危险、危害因素和严重度，并加以相应的重点防范措施，防止这些危害因素发展成为事故。

预先危险性分析的步骤为确定系统—调查收集资料—系统功能分解。根据系统工程原理，可以将系统进行功能分解，绘出功能框图，表示它们之间的输入、输出关系，如图4.2.1所示。

预先危险性分析一般程序如图4.2.2所示。

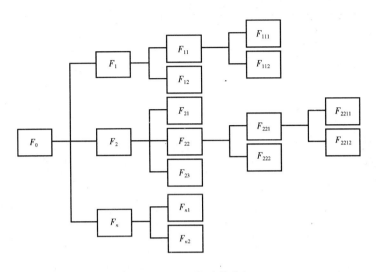

图 4.2.1　系统功能分解

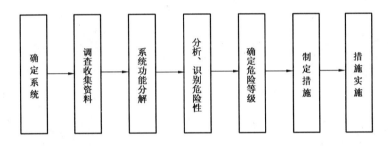

图 4.2.2　预先危险性分析程序

为了衡量危害事件危险性大小及其对系统的破坏程度，结合风险评价指数矩阵法的分类要求，可以将危险严重程度划分为四个等级，见表 4.2.1。

表 4.2.1　危险性等级划分表

级　别	危险的类别	可能导致的后果
I	安全的	不会造成人员伤亡及系统损坏
II	临界的	处于事故的边缘状态，暂时还不至于造成人员伤亡、系统损坏或降低系统性能，但应予以排除或采取控制措施
III	危险的	会造成人员伤亡和系统损坏，要立即采取防范对策措施
IV	灾难性的	造成人员重大伤亡及系统严重破坏的灾难性事故，必须予以果断排除并进行重点防范

二、集气站泄漏预先危险性分析

集气站泄漏预先危险性分析见表 4.2.2。

表 4.2.2　集气站泄漏预先危险性分析

潜在事故	触发事件 1	发生条件	触发事件 2	事故后果	危险等级	防范措施
火灾、爆炸	(1) 设备泄漏： ① 管汇、阀门、流量计等设备仪表连接处泄漏。 ② 清管器收发装置泄漏。 ③ 误操作引起设备泄漏。 ④ 设备腐蚀泄漏。 (2) 站内管道泄漏： ① 施工质量差，伪劣产品进入现场，焊接质量、机械性能不符合要求，在应力作用下产生裂纹，焊缝开裂泄漏。 ② 工程施工误将管道铲破、推断。 ③ 阀门失控或关闭不及时。 ④ 管道腐蚀泄漏。 ⑤ 受地震等自然灾害影响，管道发生泄漏	(1) 气体浓度达到爆炸极限。 (2) 点火源	(1) 明火源： ① 点火吸烟。 ② 违章动火。 ③ 外来人员带来火种。 ④ 其他火源。 (2) 火花： ① 穿带钉子皮鞋。 ② 使用非防爆工具。 ③ 静电。 ④ 雷击。 ⑤ 车辆未戴防火帽。 ⑥ 电火花	设备损坏、人员伤亡、停产造成严重经济损失	Ⅳ	(1) 控制与消除火源： ① 站内严禁用手机等非防爆通信设备。 ② 火灾、爆炸危险装置区装设防爆电气仪表。 ③ 穿着防静电服，设置防雷防静电装置，并确保其可靠。 ④ 使用防爆工具进行生产操作和生产作业。 (2) 严格订货把关和现场安装检验： ① 严格控制管材质量和焊接质量，严格控制设备质量，选用合格的流量、压力、温度等检测仪表。 ② 按规定开展总体试验，管道投产前按要求进行试压。 (3) 加强管理、严格纪律： ① 站内建立禁火区，作业现场设危险标志。 ② 制定规章制度和安全操作规程，严守工艺要求，防止误操作。 ③ 按时巡回检查，发现问题及时处理。 ④ 检修动火时，应办理动火票，并安排专人现场监护。 (4) 配齐安全设施： ① 配齐消防设施、消防器材。 ② 可能散发可燃气体的场所安装可燃气体报警装置。 (5) 对设备、仪表定期进行检查、维护和保养
中毒和窒息	同上	(1) 环境中存在危害物质。 (2) 个体防护缺乏或失效	(1) 未戴个人防护用品： ① 防护用品缺乏。 ② 取用不方便。 ③ 因故未戴。 (2) 防护用品失效： ① 破损、失效。 ② 选型不对。 ③ 使用不当。 (3) 违章作业： ① 受限空间不进行有害气体检测。 ② 受限空间作业不办理作业票，作业过程无人监护	导致人员中毒	Ⅱ	(1) 天然气泄漏时，操作人员应佩戴好气体防护用具。 (2) 严格控制设备质量，选用合格的流量、压力、温度等检测仪表。 (3) 管道投产前按要求进行试压。 (4) 对设备、仪表定期进行检查和维护保养。 (5) 加强管理、严格纪律： ① 制定规章制度和安全操作规程，严守工艺要求，防止误操作。 ② 按时巡回检查，发现问题及时处理。 ③ 设备检修时，应办理作业票，并安排专人现场监护。 (6) 配齐安全设施： ① 配齐个人劳动防护用品。 ② 可能散发可燃气体的场所安装可燃气体报警装置

第三节 作业条件危险性分析

一、方法简介

作业条件危险性分析法评价人们在某些具有潜在危险的作业环境中进行作业的危险程度，该法简单易行。危险程度的级别划分比较清楚、醒目。它主要是根据经验来确定影响危险性的三个主要因素（发生事故或危险事件的可能性、暴露于危险环境的频率和一旦发生事故的严重程度）的分值，按公式（4.3.1）计算出危险性的数值，据此数值评定该作业条件。

$$D = L \cdot E \cdot C \tag{4.3.1}$$

式中 D——作业条件的危险性；

L——事故或危险事件发生的可能性；

E——暴露于危险环境的频率；

C——发生事故或危险事件的可能结果。

（一）事故或危险事件发生的可能性 L

在实际生产条件中，事故或危险发生的可能性范围非常广泛。人为地将完全出乎意料之外、极少可能发生的情况规定为1，能预料将来某个时候会发生事故的分值规定为10，再根据可能性的大小相应地确定几个分值，具体见表4.3.1。

表4.3.1 事故或危险事件发生可能性的分值

分 值	事故或危险事件发生的可能性
10	完全会被预料到
6	相当可能
3	不经常，但可能
1	完全意外，极少可能
0.5	可以设想，但高度不可能
0.2	极不可能
0.1	实际上不可能

（二）暴露于危险环境的频率 E

作业人员暴露于危险作业条件的次数越多，时间越长，则受到伤害的可能性就越大。K·J·格雷厄姆和G·F·金尼规定了连续出现潜在危险环境的暴露频率值为10，一年仅出现几次，非常稀少的暴露频率值为1。以10和1为参考点，再在其区间根据潜在危险环境的暴露情况进行划分，并对应地确定其分值，具体见表4.3.2。

表 4.3.2　暴露于潜在危险环境的分值

分　值	出现于危险环境的情况
10	连续暴露于潜在危险环境
6	逐日在工作时间内暴露
3	每周一次或偶然地暴露
2	每月暴露一次
1	每年几次出现在潜在危险环境
0.5	非常罕见地暴露

（三）发生事故或危险事件的可能结果 C

　　造成事故或危险事件的人身伤害或物质损失可在很大范围内变化，就工伤事故而言，可以从轻微伤害到许多人死亡，其范围非常广阔。K·J·格雷厄姆和 G·F·金尼对需要救护的轻微伤害的可能结果，分值规定为 1，以此为一个基准点；而将造成许多人死亡的可能结果，分值规定为 100，作为另一个参考点。在两个参考点 1～100 之间，插入相应的中间值，具体见表 4.3.3。

表 4.3.3　发生事故或危险事件可能结果的分值

分　值	可　能　结　果
100	大灾难，许多人死亡
40	灾难，数人死亡
15	非常严重，一人死亡
7	严重，严重伤害
3	重大，致残
1	引人注目，需要救护

（四）危险性 D

　　确定了上述三个具有潜在危险性的作业条件的分值，利用计算公式（4.3.1）即可得出危险性分值，依据表 4.3.4 的标准确定各个生产设施发生各种故障的危险等级。

表 4.3.4　危险性分值

分　值	可　能　结　果
>320	极其危险，不能继续作业
160～320	高度危险，需要立即整改
70～160	显著危险，需要整改
20～70	可能危险，需要注意
<20	稍有危险，或许可以接受

二、抽油机作业条件危险性分析

（一）抽油机的危害及防范措施

抽油机的危害及防范措施见表4.3.5。

表 4.3.5　抽油机的危害及防范措施

位置	设备设施名称	故障	原因分析	防范措施
采油井场	游梁式抽油机	底座和支架振动，电动机发出不均匀响声	（1）基础建筑不牢固。 （2）支架与底座连接不牢固。 （3）抽油机严重不平衡。 （4）地脚螺栓松动。 （5）抽油机未对准井口	（1）按设计要求建筑基础。 （2）加金属片，紧固螺栓。 （3）调整抽油机平衡。 （4）拧紧地脚螺栓。 （5）抽油机光杆对准井口
		曲柄发生周期性响声	（1）曲柄销锁紧螺母松动。 （2）曲柄孔内脏。 （3）曲柄销圆锥面磨损	（1）上紧锁紧螺母。 （2）擦净锁孔。 （3）更换曲柄销
		从减速箱体与箱盖结合面或轴承盖处漏油	（1）润滑油过多。 （2）箱体结合不良。 （3）放油丝堵未上紧。 （4）回油孔及回油槽堵塞。 （5）油封失效或唇口磨损严重	（1）放出多余油。 （2）均匀上紧箱体螺栓。 （3）拧紧放油丝堵。 （4）疏通回油孔，清理回油槽中的脏物使之畅通。 （5）油封应在二级保养时更换，如油封唇口磨损严重而漏油，应更新油封
		减速箱发热（油池温度高于60℃）	（1）润滑油过多或过少。 （2）润滑油牌号不对或变质	（1）按液面规定位置加油。 （2）检查更换已变质的润滑油
		轴承部分发热或有噪声	（1）润滑油不足。 （2）轴承盖或密封部分摩擦。 （3）轴承损害或磨损。 （4）轴承间隙过大或过小	（1）检查液位并加入润滑油。 （2）拧紧轴承盖及连接部位螺栓，检查密封件。 （3）检查轴承，损坏者更换。 （4）调整轴承间隙
		刹不住车或自动刹车	（1）刹车片未调整好。 （2）刹车片磨损。 （3）刹车片或刹车鼓有油污	（1）调整刹车片间隙。 （2）更换刹车片。 （3）擦净污油
		驴头部位有吱吱响声	（1）钢丝绳缺油发干。 （2）钢丝绳断股	（1）给钢丝绳加油。 （2）更换钢丝绳
		连杆运动过程中发生振动（可能导致连杆拉断）	（1）连杆销被卡住。 （2）曲柄销负担的不平衡力矩太大。 （3）连杆上下接头焊接质量差。 （4）连杆未成对更换	（1）正确安装连杆销。 （2）消除不平衡现象，重新找正抽油机。 （3）检查焊接质量。 （4）连杆成对更换
		电机在运转时振动	（1）电机基础不平，安装不当。 （2）电机固定螺栓松动。 （3）转子和定子摩擦。 （4）轴承损坏	（1）调整电机基础，调整皮带轮至同心位置，紧固皮带轮；检查转子铁芯，校正转子轴。 （2）紧固电机固定螺栓。 （3）转子与定子产生摩擦应维修。 （4）更换轴承

续表

位置	设备设施名称	故　障	原　因　分　析	防　范　措　施
采油井场	游梁式抽油机	启动电机时发出嗡嗡声响，不能转动	(1) 一相无电或三相电流不稳。 (2) 抽油机载荷过重。 (3) 抽油机刹车未松开或抽油泵卡泵。 (4) 磁力启动触电接触不良或被烧坏。 (5) 电机接线盒螺钉松动	(1) 检查并接通缺相电源，待电压平稳后启动抽油机。 (2) 解除抽油机超载。 (3) 松开刹车，进行井下解卡。 (4) 调整好触点弹簧或更换磁力启动器。 (5) 上紧电机接线盒内接线螺钉
	电潜泵抽油机	电流卡片上显示： (1) 电流下降。 (2) 电流值既低又不稳定	(1) 由于液面下降而使泵吸入口压力降低，气体开始进泵。 (2) 由于液面接近泵的吸入口，气体进泵量增加并且不稳定，导致电泵欠载且波动，最终机组欠载停机	(1) 增加下泵深度。 (2) 如不能增加下泵深度，可以装油嘴限产使液面提高。 (3) 如上述两种办法都不能奏效，可实行间歇生产方式。对于这样的井，下次起泵时应重新选泵

（二）抽油机发生振动的危险等级的确定

例如发生"底座和支架振动，电动机发出不均匀响声"故障的危险等级确定如下：

（1）发生事故或危险事件可能性 L 的取值。

根据具体生产过程中的情况，对照表 4.3.1 中的分值，L 取值 1，属于"完全意外，极少可能"。

（2）暴露于危险环境的频率 E 的取值。

采油工每天巡检一次，根据表 4.3.2 中的分值，E 取值 6，即"逐日在工作时间内暴露"。

（3）发生事故或危险事件的可能结果 C 的取值。

发生"底座和支架振动，电动机发出不均匀响声"危害可能是"基础建筑不牢固；支架与底座连接不牢固；抽油机严重不平衡；地脚螺栓松动；抽油机未对准井口等"，如果发现、维修处理不及时，造成的后果属于"严重，严重伤害"，对应于表 4.3.3 中的分值 7 为 C 的取值。

（4）危险性 D 的取值。

根据公式（4.3.1）计算出取值：$D = 1 \times 6 \times 7 = 42$，对应表 4.3.4 中的分值，发生"底座和支架振动，电动机发出不均匀响声"故障的危险等级为"可能危险，需要注意"。

第四节　危险和可操作性研究

一、方法简介

危险和可操作性研究运用系统审查方法来分析新设计或已有工厂的生产工艺和工程意图，以评价由于装置、设备的个别部分的误操作或机械故障引起的潜在危险，并评价其对整个工厂的影响。

（一）准备工作

1. 确定分析的目的、对象和范围

首先必须明确进行危险与可操作性研究的目的，确定研究系统或装置，明确问题的边界、研究的深入程度等。

2. 成立研究小组

开展危险和可操作性研究需要利用集体的智慧和经验。小组成员以 5 ~ 7 人为佳，小组成员应包括有关的各领域专家、对象系统的设计者等。

3. 获得必要的资料

危险和可操作性研究资料包括各种设计图纸、流程图、工厂平面图、等比例图和装配图，以及操作指令、设备控制顺序图、逻辑图和计算机程序，有时还需要工厂或设备的操作规程和说明书等。

4. 制定研究计划

首先要估计研究工作需要的时间，根据经验估计每个工艺部分或操作步骤的分析花费的时间，再估计全部研究需花费的时间。然后安排会议和每次会议研究的内容。

（二）开展审查

危险和可操作性研究小组组长和小组成员采用会议的形式一起将接受分析的工艺系统划分成若干个节点。以节点为单位，运用一系列引导词来辨别工艺系统潜在的偏离设计原有意图的情形，并针对每一种偏离设计原有意图的情形讨论其原因和后果，并且评估在现有的安全保障措施下，该情形可能带来的风险，如果认为现有的安全保障措施不足以将风险降低到可以接受的水平，则需要提出更多的危害控制措施，即改进意见。

具体做法：危险和可操作性研究小组选定一个节点，由现场工程师解释该节点的工艺特点，然后运用引导词，得出对应的偏离正常工况的可信的假想情形。对于每种假想情形，小组成员共同讨论提出造成这种情形的原因和潜在的后果（设想后果时不考虑现有的安全保障措施）。然后，找出当前设计和生产管理上已有的安全保障措施，如果小组成员认为这些措施还不足够，则提出必要的改进措施。在讨论过程中提出的危害或与操作相关的问题，都记录在危险和可操作性研究工作表中。

危险和可操作性研究工作程序如图 4.4.1 所示，其工作表项目说明见表 4.4.1，引导词说明见表 4.4.2，常用的工艺参数见表 4.4.3。

表 4.4.1　危险和可操作性研究工作表项目说明

栏目标题	说　　明
引导词（guideword）	某些词汇，危险和可操作性研究小组据此识别工艺危害
偏差（deviation）	背离正常生产操作的假想情形，由危险和可操作性研究小组依据引导词识别
原因（causes）	导致偏离正常状态的原因或事件
可能的后果（consequences）	当假想的偏离情形发生时，可能导致的后果的描述
现有安全保障（safeguards）	当前设计、安装的设施或管理实践中已经存在的消除或控制危害的措施
建议编号（rec#）	建议措施的编号

栏 目 标 题	说　明
建议类别（type）	建议措施的类别。体现建议措施的目的，例如"安全"类别说明该建议措施是为了防止人员伤害，"生产"类别说明该建议措施是为了避免生产问题，与安全无关。相关的类别有"安全"、"生产"、"健康"、"环保"和"图纸"等
建议措施（recommendations）	所建议的消除或控制危害的措施

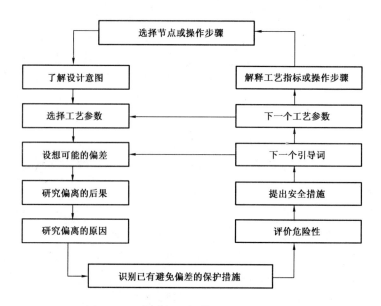

图 4.4.1　危险和可操作性研究工作程序

表 4.4.2　危险和可操作性研究引导词说明

引　导　词	含　义
空白（none）	设计或操作要求的指标和事件完全不发生，如无流量
低（少）（less）	同标准值相比，数值偏小，如温度、压力偏低
高（多）（more）	同标准值相比，数值偏大，如温度、压力偏高
部分（part of）	只完成既定功能的一部分，如组分的比例发生变化
伴随（as well as）	在完成既定功能的同时，伴随多余事件发生
相逆（reverse）	出现和设计要求完全相反的事或物，如流体反向流动
异常（other than）	出现和设计要求不相同的事或物

表 4.4.3　常用的危险和可操作性研究工艺参数

流量	时间	次数	混合
压力	组分	黏度	副产品（副反应）
温度	pH 值	电压	分离
液位	速率	数据	反应

二、油气集输站的工艺安全分析

通过下列某油气集输站的危险和可操作性研究的简要分析过程介绍，说明危险和可操作性研究特别适用于分析工艺要求严格的建设项目及在役装置存在的危害。

油气集输站各单元工艺流程情况如下：

1. 东轮进站阀组流程

正常流程由东河塘—轮西来的原油（0.04～0.5MPa，12～35℃）经过3001#阀进入阀组区，通过3002#电动阀，经换热器加热后（0.04～0.5MPa，25～55℃），进入开发总外输间。收球流程由清管球经过3010#电动阀进入收球筒，原油经过3011#电动阀进入开发总外输，收球流程结束后，切换到正常流程。

2. 塔轮进站阀组流程

正常流程由塔中、哈得来的原油（0.6～1.3MPa，12～35℃）进入阀组，经过1001#电动阀进入原油稳定装置。收球流程由清管球经过1010#电动阀进入收球筒，原油经过1011#电动阀进入原油稳定装置，收球结束后，切换到正常流程。

3. 收油流程

开发总外输塔北、塔中来油（0.02～0.15MPa，25～60℃），分别经过2086#和2087#阀进入罐前阀组3#和4#收油线，进入储油罐。特殊情况下，也可经过01#和10#阀进入泵房。

4. 付油流程

原油（0.02～0.15MPa，15～60℃）由储油罐经罐前阀组进入1#和2#付油线，经过02#和09#阀后进入泵房（0.02～0.15MPa，15～60℃）经流量计外付。

油气集输站P&ID图纸工艺描述见表4.4.4。油气集输站（节点4）危险和可操作性研究工作表见表4.4.5。

表4.4.4　轮南集输站各节点工艺流程描述

序号	图纸号	工艺描述	设计意图说明
1	JSZ0800/DH	（1）由东河塘—轮西来的原油（0.04～0.5MPa，12～35℃）经过3001#阀进入阀组区，通过3002#电动阀，经换热器加热后（0.04～0.5MPa，25～55℃），进入开发总外输间。 （2）清管球经过3010#电动阀进入收球筒，原油经过3011#电动阀进入开发总外输，收球流程结束后，切换到正常流程	接收东河塘—轮西来油，控制来油参数并对东轮管线清管进行收球作业
2	JSZ0800/TZ	（1）由塔中、哈得来的原油（0.6～1.3MPa，12～35℃）进入阀组，经过1001#电动阀进入原油稳定装置。 （2）清管球经过1010#电动阀进入收球筒，原油经过1011#电动阀进入原油稳定装置，收球结束后，切换到正常流程	接收塔中、哈得来油，并对塔轮管线清管进行收球作业

续表

序号	图纸号	工艺描述	设计意图说明
3	JSZ0800/GQ	（1）收油：由开发总外输塔北、塔中来油（0.02～0.15MPa，25～60℃），经过2086#和2087#阀，进入罐前阀组3#和4#收油线，经2XX3#和2XX4#阀进入储油罐汇管，经过2XX0#罐根阀进入储油罐。特殊情况下，也可经过01#和10#阀进入泵房。 （2）付油：原油（0.02～0.15MPa，15～60℃）由储油罐2XX0#罐根阀进入储油罐汇管，经过2XX1#和2XX2#阀进入1#和2#付油线，由02#和09#阀进入泵房。 （3）压油：原油由高液位储油罐罐根2XX0#阀进入储油罐汇管，经过2XX5#阀进入5#压油线，经2YY5#阀进入低液位储油罐汇管，经过2YY0#罐根阀进入储油罐	控制6座储罐的收付油作业以及平衡储罐液位的压油作业
4	JSZ0800/BF	（1）储油罐付油。 （2）罐前阀组1#和2#线来油，经02#和09#阀进入泵房1#和2#输油线。 （3）2#输油线经5010#阀进入1#输油泵过滤器进泵。经过5011#阀进入塔北线，经12#阀到1#和2#流量计入口。经过5012#阀进入塔中线，经11#阀到3#和4#流量计入口。 （4）2#输油线经5020#阀进入2#输油泵过滤器进泵。经过5021#阀进入塔北线，经12#阀到1#和2#流量计入口。经过5022#阀进入塔中线，经11#阀到3#和4#流量计入口。 （5）1#输油线经5021#阀进入2#输油泵过滤器进泵。经过5022#阀进入塔北线，经12#阀到1#和2#流量计入口。经过5023#阀进入塔中线，经11#阀到3#和4#流量计入口。 （6）1#输油线经5030#阀进入3#输油泵过滤器进泵。经过5031#阀进入塔北线，经12#阀到1#和2#流量计入口。经过5032#阀进入塔中线，经11#阀到3#和4#流量计入口。 （7）2#输油线经19#阀，直接进入塔北付油线，经12#阀到1#和2#流量计入口。 （8）1#付油线经过24#阀，直接进入塔中付油线，经11#阀到3#和4#流量计入口。 （9）13#阀属于塔中、塔北线的跨越线	提高外输原油压力
5	JSZ0800/JL	（1）泵房原油出口温度15～60℃，压力0.02～0.5MPa。 （2）泵房塔北付油线来油，经5111#阀、5110#过滤器进入1#流量计，经过5112#和5113#阀进入下游管道。 （3）泵房塔北付油来油，经5121#阀、5120#过滤器进入2#流量计，经过5122#和5123#阀进入下游管道。 （4）泵房塔中付油线来油，经5131#和5130#过滤器进入3#流量计，经5132#和5133#阀进入下游管道。 （5）泵房塔中付油线来油，经5141#阀、5140#过滤器进入4#流量计，经过5142#和5143#阀进入下游管道	进行外输原油计量
6	JSZ0800/XF	（1）消防补水管线经补水阀室到两座消防水罐。 （2）消防水由消防水罐到消防冷却水泵到消防冷却水管网到各消防阀室到固定喷淋系统，最后到着火罐。 （3）消防水由消防水罐到消防泡沫供水泵到泡沫比例混合装置到各消防阀室到泡沫混合液管网到泡沫发生器，最后到着火罐	轮南集输站拥有独立的消防系统，采用固定式消防冷却水系统和固定式泡沫灭火系统，自动化系统完善，同时配备20门固定式消防炮和6门移动式消防炮以确保达到灭火的效果

表4.4.5 油气集输站（节点4）危险和可操作性研究工作表

项目名称	油气集输站危险和可操作性研究
节点编号	4
节点名称	罐前阀组
图纸	JSZ0800/GQ
节点意图	(1) 收油：由开发总外输塔北、塔中来油，经过2086#和2087#阀，进入罐前阀组3#和4#收油线，经2XX3#和2XX4#阀进入储油罐汇管，经过2XX0#罐根阀进入储油罐。特殊情况下，也可经过01#和10#阀进入泵房。 (2) 付油：原油由储油罐2XX0#罐根阀进入储油罐汇管，经过2XX1#和2XX2#阀进入1#和2#付油线，由02#和09#阀进入泵房。 (3) 压油：原油由高液位储油罐根2XX0#阀进入储油罐汇管，经过2XX5#阀进入5#压油线，经2YY5#阀进入低液位储油罐汇管，经过2YY0#罐根阀进入储油罐

引导词		偏离	原因	可能的后果	现有安全保障	建议类别	建议措施
流量	没有流量/流量太小	从开发计量间进罐无流量	罐进油管线上阀门意外关闭	上游管线超压可能导致管线泄漏	原油进罐管线上设置有压力指示PI2001，PI2002；开2086#和2087#阀；现场有调度令；现场双人复核并与中控室人员保持沟通	安全	在原油罐进油管线上压力变送PT2001与PT2002处设置高压报警
	流量太大	讨论了此情形，没有发现明显危害					
	非正常流量	原油外输来油经过2086#阀进入错误的储罐	人员误操作（罐共用进料管线）	接收罐满罐溢流，可能发生着火	原油储罐安装有液位计（就地及远传）；现场有调度令；现场双人复核并与中控室人员保持沟通	安全	为原油储罐G208#罐设置高液位报警（建议适用于罐前阀组所有原油罐）
		原油经过G208#罐底部脱水阀进入污水池	脱水过程中未及时关闭脱水阀	原油通过隔油池进入污水池，可能导致着火	脱水过程中现场有操作人员进行监控		
			脱水阀内漏	原油通过隔油池进入污水池，可能导致着火	双阀设计		
		原油经过G208#罐底部脱水阀进入防火堤	脱水阀外漏（低温时脱水阀破裂）	原油泄漏至防火堤	现场操作人员每xh进行巡检；罐区设置有工业电视监控系统（CCTV），原油泄漏可以反馈至中控室	安全	根据GB 50493《石油化工可燃气体和有毒气体检测报警设计规范》的要求在原油罐防火堤内设置可燃气体探头
	逆流	讨论了此情形，没有发现明显危害					

	引导词	偏离	原因	可能的后果	现有安全保障	建议类别	建议措施
温度	温度太高	讨论了此情形，没有发现明显危害					
	温度太低	G208#罐底部脱水管线内温度过低	冬季环境温度过低	脱水阀破裂导致原油泄漏	脱水管线有电伴热；罐设置有围堰		
	深冷	讨论了此情形，没有发现明显危害					
压力	压力太高	讨论了此情形，没有发现明显危害					
	低压/真空	讨论了此情形，没有发现明显危害					
液位	液位太低/没有液位	原油储罐G208#罐的液位过低	外输泵房未及时停泵	G208#罐中存在爆炸性气体环境，遇点火源可能发生爆炸	原油储罐安装有液位计（就地及远传）；现场有调度令；现场双人复核并与中控室人员保持沟通；浮顶罐内有静电导出装置，每年由当地气象主管部门进行接地电阻测试	安全	为原油储罐G208#罐设置低液位报警（此建议适用于罐前阀组所有原油储罐）
	液位太高	参考本节点"非正常流量"					
组分	浓度太高或太低	进G208#罐的原油轻组分浓度过高	原油稳定装置检修导致进罐原油品质不稳定	浮顶罐上方受限空间形成爆炸性混合气体，可能导致火灾、爆炸	原油稳定检修期间现场执行特殊生产运行方案；自动喷淋系统和泡沫系统；罐顶有火焰探测系统	安全	研究原油稳定装置检修期间确保进入G208#罐的原油品质合格的相关措施
		G208#罐稠油含量过高	上游原油物性发生变化	原油罐内分层；稠油凝结导致凝罐	现场化验分析，出现分层及时输转；上游提高来油温度	生产	油田公司协调原油稠油含量，将高凝点稠油合理配输

续表

	引导词	偏离	原因	可能的后果	现有安全保障	建议类别	建议措施
组分	污染物	讨论了此情形,没有发现明显危害					
	错误物料	讨论了此情形,没有发现明显危害					
相变与混合	意外相变	讨论了此情形,没有发现明显危害					
	没有混合	讨论了此情形,没有发现明显危害					
火灾与爆炸预防	与空气混合	空气与原油在 G208# 罐内混合	检修作业完成后罐内存在空气	G208#罐中存在爆炸性气体环境,遇点火源可能发生爆炸	G208#罐为外浮顶罐,罐顶有通气孔;浮顶罐内有静电导出装置,每年由当地气象主管部门进行接地电阻测试;进入 G208#罐的原油经原油稳定装置处理		
	点火源	讨论了此情形,没有发现明显危害					
	爆炸后果减轻	讨论了此情形,没有发现明显危害					
机械完整性	可维修性	讨论了此情形,没有发现明显危害					
	腐蚀/磨损	原油罐 G208#罐内外部腐蚀	电化学腐蚀	管线腐蚀可能导致原油泄漏,发生着火	罐底有牺牲阳极保护;罐内表面有防腐处理;罐外部有强制电流保护;对原油储罐定期进行检验(包括测量壁厚)		
		原油罐 G208#罐进出管线腐蚀	电化学腐蚀	管线腐蚀可能导致原油泄漏	管线区域阴极保护;原油输送管线定期测壁厚		

	引导词	偏离	原因	可能的后果	现有安全保障	建议类别	建议措施
机械完整性	泄漏	原油通过防火堤泄漏至作业场所	防火堤出现破裂	原油泄漏至作业环境导致着火		安全	日常维护过程中需确保原油罐区防火堤的完整性
	关键仪表故障	讨论了此情形，没有发现明显危害					
	安全释放系统	讨论了此情形，没有发现明显危害					
公用工程	失去公用工程	讨论了此情形，没有发现明显危害					
	公用工程被污染	讨论了此情形，没有发现明显危害					
非正常操作	操作步骤遗漏	讨论了此情形，没有发现明显危害					
	执行太晚或太早	讨论了此情形，没有发现明显危害					
	首次开车	讨论了此情形，没有发现明显危害					
	开车或停车	讨论了此情形，没有发现明显危害					
	安全取样	讨论了此情形，没有发现明显危害					
	维修作业	讨论了此情形，没有发现明显危害					
杂项	操作人员安全	操作人员上罐取样	生产需要	可能导致取样人员高处坠落	作业许可证制度		

续表

	引导词	偏离	原因	可能的后果	现有安全保障	建议类别	建议措施
杂项	操作人员安全	操作人员可能暴露于硫化氢气体中	取样操作过程；脱水操作过程	可能导致取样或脱水操作人员硫化氢中毒	罐区现场安装有固定式硫化氢气体浓度监测仪；现场有便携式四合一气体检测仪，要求作业前进行气体采样分析	安全	对脱水作业操作点进行有毒气体暴露监测，根据监测结果确定操作人员的呼吸保护要求
	外部影响	原油罐 G208# 罐温度过高	外部着火	可能导致原油罐 G208 # 罐着火、爆炸	防火堤外有消防水枪消防炮		
	事故教训	讨论了此情形，没有发现明显危害					
	对环境的突出影响	讨论了此情形，没有发现明显危害					
	图纸	原油罐缺少相关信息	目前图纸			图纸	更新现有的 P&ID 图，将储罐相关信息，如液位计，反映至图纸上

第五节 工作安全分析

一、方法简介

油气生产活动有很多不可预见因素，经常会有临时性的作业，如无程序控制的临时性作业（无操作规程、无作业程序、无安全标准可遵循的作业）、偏离标准的作业（包括现有标准或程序不能完全控制风险的作业）、新的需要确定操作规程的作业等。通常原来的针对固定作业过程的危害识别和风险控制活动并不能完全涵盖此类作业的危害，而且很多事故又是发生在此类作业过程中，因此，需要采取必要的措施控制危害，工作安全分析就是很好的方法。

工作安全分析方法很简单但很实用，就是在此类临时作业前，相关的作业人员共同识别作业风险，确保每个人都清楚风险及其控制措施，然后再进行作业。工作安全分析可以结合班前会、安全交底会等形式进行，可以是书面的，也可以是口头的，具体的方法有四步：

（1）明确作业内容并将作业活动分解为若干工作步骤。

（2）识别每一步骤中的危害及其风险程度。

（3）制定有针对性的风险消减、消除和控制措施以及突发情况下的应急处置措施。

（4）进行沟通，确保参与作业的每一个人都清楚这些危害及其风险控制及应急处置措施。

书面的工作安全分析用于编制施工方案或检修方案等复杂作业环境，口头的工作安全分析应用于日常工作或较简单的临时性作业。对于正常生产状态下的班前会或交接班会议，也可利用工作安全分析的方法，作为对员工危害识别和控制能力培训的方式，采取员工轮流做的办法对当日或当班要进行的作业、曾经发生过事故/事件的工作进行口头工作安全分析。实践证明，工作安全分析方法的普及是对动态风险进行控制的有效工具。

二、清罐作业工作安全分析

以清罐作业为例，将作业活动分为八个步骤进行分析，见表4.5.1。

表 4.5.1　清罐作业安全分析

序号	作业步骤	危害辨识	对　策
1	确定罐内作业存在的危险	（1）爆炸性气体造成物理性爆炸。（2）氧含量不足造成窒息。（3）化学物质暴露，蒸气造成中毒。（4）运动的部件、设备造成物体打击	（1）按规定办理进入受限空间作业票。（2）具资格人员对有毒气体进行检测。（3）通风至含氧量19%～21%。（4）提供适宜的呼吸器材和防护服。（5）提供安全带或救生器具
2	选择和培训操作者	（1）操作人员呼吸系统或心脏有疾病或其他缺陷。（2）没有培训操作人员可能导致操作错误	（1）安全管理人员检查，能适应本项作业。（2）培训操作人员。（3）制定安全规程并对操作进行预演
3	设置操作用设备	（1）软管、绳索、器具如缺陷有物体打击危险。（2）触电（电压过高，电线裸露）。（3）机械伤害（电机未锁定且未做标记）	（1）按照位置设置器材确保安全。（2）设置接地故障断路器。（3）如果有搅拌电机，则加以锁定并做出标记
4	在罐内安装梯子	物体打击（梯子滑倒）	将梯子牢固固定在人孔顶部或其他固定部件上
5	准备入罐	中毒（罐内有液体或气体）	（1）通过现有管道清空储罐。（2）审查应急预案。（3）打开人孔等通风设施。（4）安全管理人员检查现场。（5）罐体接管法兰处设置盲板。（6）检测罐内有害气体及氧气的浓度
6	罐入口处安放设备	（1）高处坠落。（2）物体打击	（1）使用机械操作设备。（2）罐顶作业处设置防护护栏
7	入罐	（1）从梯子上坠落。（2）中毒	（1）按规定配备个体防护器具。（2）外部监护人员指导或营救操作人员撤离
8	清洗储罐	（1）中毒窒息（散发化学污染物）。（2）工具等造成物体打击	（1）为所有操作人员和监护人员配备个体防护器具。（2）保证罐内照明。（3）提供罐内通风并随时检测罐内空气。（4）轮换操作并制定应急预案

第六节　事故树分析

一、方法简介

在生产过程中，由于人的失误、机器设备故障及环境等因素，所发生的事故，必然造成一定的危险性，为了防止危险性因素导致灾害性后果，就需要分析判断，预测事故发生的可能性有多大，以利于采取消减危险的措施和手段，把事故损失减少到最低程度。事故树分析方法也称故障树，是预测事故和分析事故的一种科学方法。

事故树分析是从结果到原因找出与灾害有关的各种因素之间的因果关系和逻辑关系的分析法。这种方法是把系统可能发生的事故放在事故树图的最上面，称为顶上事件，按系统构成要素之间的关系，分析与灾害事故有关的原因。如果这些原因是其他一些原因的结果，则称为中间原因事件（中间事件），应继续往下分析，直到找出不能进一步往下分析的原因为止，这些原因称为基本原因事件（或基本事件）。图中各因果关系用不同的逻辑门符号连接起来，这样得到的图形像一棵倒置的树，即为事故树。通过事故树分析可以找出基本事件及其对顶上事件影响的程度，为采取安全措施、预防事故提供科学的依据。

事故树分析步骤如下：

（1）熟悉系统。

要详细了解系统状态及各种参数，绘出工艺流程图或布置图。

（2）调查事故。

收集事故案例，进行事故统计，设想给定系统可能要发生的事故。

（3）确定顶上事件。

要分析的对象事件即为顶上事件。对所调查的事故进行全面分析，从中找出后果严重且较易发生的事故作为顶上事件。

（4）确定目标值。

根据经验教训和事故案例，经统计分析后，求解事故发生的概率（频率），作为要控制的事故目标值。

（5）调查原因事件。

调查与事故有关的所有原因事件和各种因素。

（6）构建事故树。

从顶上事件起，一级一级找出直接原因事件，到所要分析的深度，按逻辑关系，画出事故树。

（7）定性、定量（可取舍）分析。

按事故树结构进行简化，确定基本事件的结构重要度。

（8）求出事故发生概率

确定所有原因发生概率，标在事故树上，并进而求出顶上事件（事故）发生概率。

（9）进行比较

分可维修系统和不可维修系统进行讨论，前者要进行对比，后者求出顶上事件发生概率即可。

（10）制定安全措施

目前在我国，事故树分析一般都考虑到第 7 步进行定性分析为止，也能取得较好效果。在本书中，采用事故树进行分析时，同样也考虑仅用其进行定性分析。事故树分析流程如图 4.6.1 所示。

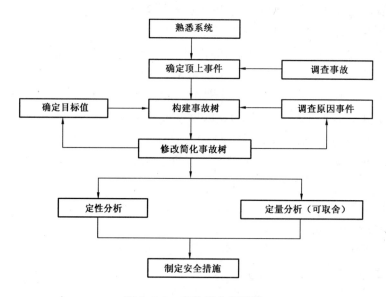

图 4.6.1　事故树分析流程

二、原油储罐的事故树分析

大容量的原油储罐发生火灾、爆炸事故的危害极大，下面以油罐发生火灾、爆炸事故为例，对其进行事故树分析。

（一）事故树图

原油储罐火灾、爆炸事故树图如图 4.6.2 所示。

（二）求最小径集

$$T' = A'_1 + A'_2 + X'_{17}$$

$$= X'_1 B'_1 + B'_2 B'_3 B'_4 B'_5 B'_6 + X'_{17}$$

$$= X'_1 X'_2 X'_3 X'_4 + X'_5 X'_6 X'_7 C'_1 C'_2 X'_{12} X'_{13} X'_{14} (X'_{15} + X'_{16}) + X'_{17}$$

$$= X'_1 X'_2 X'_3 X'_4 + X'_5 X'_6 X'_7 (X'_8 + X'_9)(X'_{10} + X'_{11}) X'_{12} X'_{13} X'_{14} (X'_{15} + X'_{16}) + X'_{17}$$

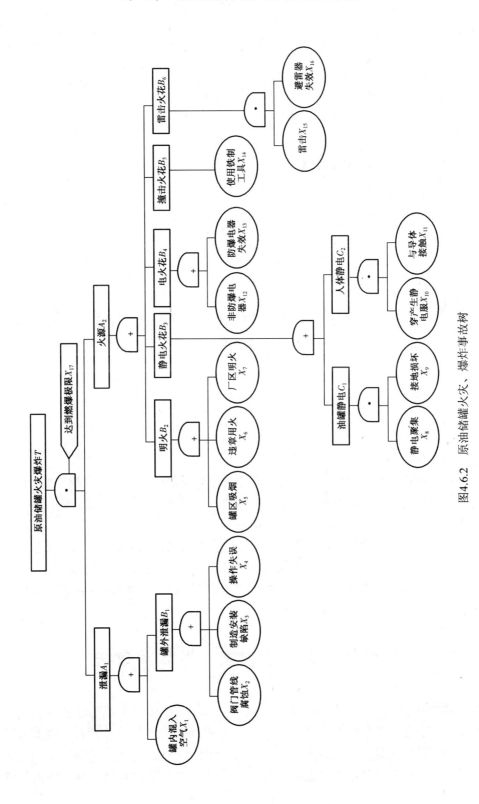

图4.6.2　原油储罐火灾、爆炸事故树

由此可得到 10 个最小径集：

$$P_1 = \{X_1, X_2, X_3, X_4\}$$
$$P_2 = \{X_5, X_6, X_7, X_8, X_{10}, X_{12}, X_{13}, X_{14}, X_{15}\}$$
$$P_3 = \{X_5, X_6, X_7, X_8, X_{11}, X_{12}, X_{13}, X_{14}, X_{15}\}$$
$$P_4 = \{X_5, X_6, X_7, X_9, X_{10}, X_{12}, X_{13}, X_{14}, X_{15}\}$$
$$P_5 = \{X_5, X_6, X_7, X_9, X_{11}, X_{12}, X_{13}, X_{14}, X_{15}\}$$
$$P_6 = \{X_5, X_6, X_7, X_8, X_{10}, X_{12}, X_{13}, X_{14}, X_{16}\}$$
$$P_7 = \{X_5, X_6, X_7, X_8, X_{11}, X_{12}, X_{13}, X_{14}, X_{16}\}$$
$$P_8 = \{X_5, X_6, X_7, X_9, X_{10}, X_{12}, X_{13}, X_{14}, X_{16}\}$$
$$P_9 = \{X_5, X_6, X_7, X_9, X_{11}, X_{12}, X_{13}, X_{14}, X_{16}\}$$
$$P_{10} = \{X_{17}\}$$

（三）结构重要度分析

$$I_\varphi(5) = I_\varphi(6) = I_\varphi(7) = I_\varphi(12) = I_\varphi(13) = I_\varphi(14) = I_\varphi(1) = I_\varphi(2) = I_\varphi(3) = I_\varphi(4)$$

$$I_\varphi(8) = I_\varphi(9) = I_\varphi(10) = I_\varphi(11) = I_\varphi(15) = I_\varphi(16)$$

结构重要度排序如下：

$$I_\varphi(17) > I_\varphi(1) = I_\varphi(2) = I_\varphi(3) = I_\varphi(4) > I_\varphi(8) = I_\varphi(9) = I_\varphi(10) = I_\varphi(11) = I_\varphi(15)$$

$$= I_\varphi(16) > I_\varphi(5) = I_\varphi(6) = I_\varphi(7) = I_\varphi(12) = I_\varphi(13) = I_\varphi(14)$$

（四）结果讨论

由以上事故树最小径集分析可知，为避免原油储罐泄漏火灾、爆炸事故发生，由于限制达到燃爆浓度较难防范，因此避免火灾、爆炸事故主要是防止储罐、管道、阀门等发生泄漏和储罐漏入空气，这必须保证油罐防腐，储罐设计、制造、安装质量合格，加强设备维护，定期检查管道、阀门、附件等。另一个途径是防止火源的出现，由结构重要度分析可看出静电火花和雷电的重要度较高，因此要求人员上岗必须穿防静电服，保证防雷防静电接地线良好，接地电阻符合要求。因此，在罐区应设立严格的防火区，加强火源管理，禁止厂内吸烟，必须选用防爆电器，不允许使用铁制工具。

第七节　道化学火灾、爆炸指数法

一、方法简介

道化学火灾、爆炸指数评价法（第 7 版）是根据以往的事故统计资料、物质的潜在能量和现行的安全措施情况，利用系统工艺过程中的物质、设备、物量等数据，通过逐步推算的公式，对系统工艺装置及所含物料的实际潜在火灾、爆炸危险及反应性危险进行评价的方法。

（一）评价程序

道化学火灾、爆炸指数评价法（第7版）评价程序如图4.7.1所示。

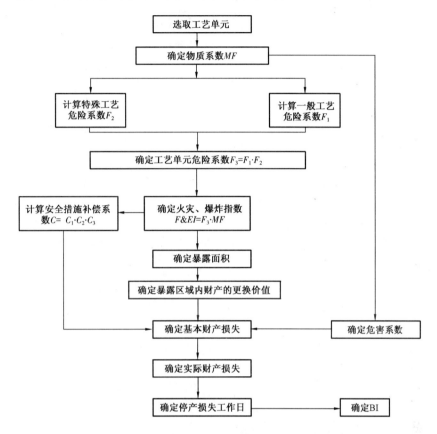

图4.7.1 道化学火灾、爆炸指数分析计算程序图

（二）评价过程

（1）确定评价单元，包括评价单元的确定和评价设备的选择。

（2）求取单元内重要物质的物质系数 *MF*。

重要物质是指单元中以较多数量（5%以上）存在的危险性潜能较大的物质。

物质系数 *MF* 是表述物质由燃烧或其他化学反应引起的火灾、爆炸过程中释放能量大小的内在特性，它由物质可燃性 *Nf* 和化学活泼性（不稳定性）*Nr* 求得。

（3）根据单元的工艺条件，采用适当的危险系数，求得单元一般工艺危险系数 F_1 和特殊工艺危险系数 F_2。

一般工艺危险系数 F_1 是确定事故损害大小的主要因素。

特殊工艺危险系数 F_2 是影响事故发生概率的主要因素。

求工艺单元危险系数 F_3，见公式（4.7.1）。

$$F_3 = F_1 \cdot F_2 \tag{4.7.1}$$

（4）求火灾、爆炸指数 $F\&EI$，见公式（4.7.2）。它可被用来估计生产过程中事故可能造成的破坏，见表4.7.1。

$$F\&EI = F_3 \cdot MF \qquad (4.7.2)$$

表 4.7.1 $F\&EI$ 与危险程度的对应表

$F\&EI$ 值	危 险 程 度
1~60	最轻
61~96	较轻
97~127	中等
128~158	很大
>159	非常大

（5）用火灾、爆炸指数值查出单元的暴露区域半径 R（$R = 0.256F\&EI$），并计算暴露面积 A（m^2），见公式（4.7.3）。

$$A = \pi \cdot R^2 \qquad (4.7.3)$$

（6）确定安全措施补偿系数 C。

安全措施补偿系数 C 为工艺控制补偿系数 C_1、物质隔离补偿系数 C_2、防火措施补偿系数 C_3 三者的乘积，见公式（4.7.4）。

$$C = C_1 \cdot C_2 \cdot C_3 \qquad (4.7.4)$$

（7）计算安全措施补偿后的火灾、爆炸指数 $F\&EI'$。

二、道化学火灾、爆炸指数评价举例

针对某天然气管道生产场所火灾、爆炸危险性特点，对具有火灾、爆炸危险特性且适合做定量分析的单元进行定量评价。

（一）评价单元工艺参数

评价单元工艺参数如下：

管径：355.6mm。

长度/壁厚：313km/5.6mm，40km/6.3mm，48km/7.1mm。

管材：L360 钢管。

设计压力：6.4MPa。

输气压力：4.5MPa。

管道防腐：整个管道采用三层 PE 防腐。

（二）天然气管道道化学火灾、爆炸指数及安全措施补偿系数

工程管输天然气中主要成分为甲烷，物质系数 MF 取21。

一般工艺危险系数中：基本系数取 1.00；单元中没有化学反应过程，放热化学反应系

数取 0；没有吸热反应，系数取 0；管道输送天然气，其物料处理及输送的火灾、爆炸危险系数取 0.50；工艺装置为露天布置，有良好的通风性能，封闭单元或室内单元系数取 0；站为五级站库，具有救援车辆通道，通道系数取 0；工程输送天然气而非易燃可燃液体，排放和泄漏控制系数取 0；最终得到的一般工艺危险系数 F_1 等于 1.50。

特殊工艺危险系数中：基本系数取 1.00；根据道化学火灾、爆炸指数评价法（第 7 版）查得天然气毒性物质危险系数为 0.40；负压操作适用于空气泄入系统会引起危险的场合，本项不适用，系数取 0；只有当仪表或装置失灵时，工艺设备或储罐才处于燃烧范围内或其附近，因此爆炸范围或其附近的操作系数取 0.30；粉尘爆炸不存在，系数取 0；释放压力只针对易燃和可燃液体，系数取 0；低温主要考虑碳钢或其他金属在其展延或脆化转变温度以下可能存在的脆性问题，系数取 0；易燃或不稳定物质数量根据查图表得 1.50；腐蚀以腐蚀速率小于 0.127mm/年系数为 0.10；连接头和填料处可能产生轻微的泄漏，系数取 0.30；无明火设备的使用，系数取 0；无热油交换系统，系数取 0；无转动设备，系数取 0。

安全措施补偿系数中工艺控制安全补偿系数：工程的基本设施中若具有应急电源且能从正常状态自动切换到应急状态就取 0.98，本工程不具备则系数取 1；不具备冷却设施，系数取 1；对压力容器上的安全阀、紧急放空口之类常规超压装置不考虑补偿系数，抑爆系数取 1；控制系统在出现异常时能报警并实现联锁保护，系数取 0.99；自控系统实现集中数据采集、监控，系数取 0.97；不具备惰性气体保护，系数取 1；正常的操作指南和完整的操作规程是保证正常作业的重要因素，系数取 0.92；不具备活性化学物质检查，系数取 1；其他工艺危险分析补偿系数取 0.94，从而得工艺控制补偿系数 C_1 等于 0.83。

物质隔离安全补偿系数中：由于不具备遥控阀取 1；备用卸料装置，具有放空火炬系统，系数取 0.98；不具备排放系统，系数取 1；不具备联锁系统，系数取 1，从而得物质隔离安全补偿系数取 0.98。

防火设施安全补偿系数中：输气管线安装可燃气体浓度检测装置，系数取 0.95；钢质结构采用防火涂料，系数取 0.96；五级站场无消防水供应，系数取 1；不具备火焰探测器及防爆墙等特殊灭火系统，系数取 1；不具备洒水灭火系统，系数取 1；不具备点火源与可能泄漏的气体之间的自动喷水幕，系数取 1；不具备远距离泡沫灭火系统，系数取 1；配备与火灾危险性相适应的手提式灭火器，系数取 0.95；电缆埋设在地下电缆沟内，系数取 0.95，从而得防火措施补偿系数 C_3 等于 0.82。

单元的安全补偿系数 $C = C_1 \cdot C_2 \cdot C_3 = 0.67$。

输气管道道化学火灾、爆炸指数见表 4.7.2，输气管道安全措施补偿系数见表 4.7.3。经计算，输气管道的道化学火灾、爆炸指数为 113.4，危险等级属"中等"暴露半径 R（$R = 0.256 F\&EI$）为 29.03m。基本最大可能财产损失与安全措施补偿系数的乘积为实际最大可能财产损失。安全措施补偿系数为 0.67，如果按设计规程、标准的要求采取必要的安全补偿措施后，可减轻事故带来的经济损失，火灾、爆炸指数也降到了 75.98，即危险等级也降为"较轻"。

表 4.7.2 输气管道道化学火灾、爆炸指数 $F\&EI$ 计算

工艺单元	高压管线		
工艺设备中的物料	天然气	操作状态	正常
确定 MF 的物质	天然气（物质系数取21）		
基本项目		危险系数范围	危险系数
1. 一般工艺危险系数 F_1			
基本系数		1.00	1.00
（1）放热化学反应		0.30 ~ 1.25	
（2）吸热反应		0.20 ~ 0.40	
（3）物料处理与输送		0.25 ~ 1.05	0.50
（4）密闭式或室内工艺单元		0.25 ~ 0.90	
（5）通道		0.20 ~ 0.35	
（6）排放和泄漏控制		0.25 ~ 0.50	
一般工艺危险系数 F_1 取值			1.50
2. 特殊工艺危险系数 F_2			
基本系数		1.00	1.00
（1）毒性物质		0.20 ~ 0.80	0.40
（2）负压 [<66 661Fa（500mHg）]		0.50	
（3）易燃范围内及接近易燃范围的操作：惰性化、未惰性化	罐装易燃液体	0.50	
	过程失常或吹扫故障	0.30	0.30
	一直在燃烧范围内	0.80	
（4）粉尘爆炸		0.25 ~ 2.00	
（5）压力释放		0.86	
（6）低温		0.20 ~ 0.30	
（7）易燃及不稳定物质的重量，kg	工艺中的液体及气体	查图表得	1.50
	贮存中的液体及气体	查图表得	
	贮存中的可燃固体及工艺中的粉尘	查图表得	
（8）腐蚀与磨蚀		0.10 ~ 0.75	0.10
（9）泄漏—接头和填料		0.10 ~ 1.50	0.30
（10）使用明火设备			
（11）热油热交换系统		0.15 ~ 1.15	
（12）转动设备		0.50	
特殊工艺危险系数 F_2 取值			3.60
工艺单元危险系数 $F_3 = F_1 \cdot F_2 = 1.50 \times 3.60 = 5.40$			
火灾、爆炸指数 $F\&EI = F_3 \cdot MF = 5.40 \times 21 = 113.4$ （中等）			

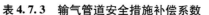

表4.7.3　输气管道安全措施补偿系数

1. 工艺控制安全补偿系数 C_1					
项　　目	补偿系数范围	采用补偿系数	项　　目	补偿系数范围	采用补偿系数
（1）应急电源	0.98		（6）惰性气体保护	0.94～0.96	
（2）冷却装置	0.97～0.99		（7）操作规程/程序	0.91～0.99	0.92
（3）抑爆装置	0.84～0.98		（8）化学活泼性物质检查	0.91～0.98	
（4）紧急切断装置	0.96～0.99	0.99	（9）其他工艺危险分析	0.91～0.98	0.94
（5）计算机控制	0.93～0.99	0.97			
$C_1 = 0.83$					
2. 物质隔离安全补偿系数 C_2					
项　　目	补偿系数范围	采用补偿系数	项　　目	补偿系数范围	采用补偿系数
（1）遥控阀	0.96～0.98		（3）排放系统	0.91～0.97	
（2）卸料/排空装置	0.96～0.98	0.98	（4）联锁装置	0.98	
$C_2 = 0.98$					
3. 防火设施安全补偿系数 C_3					
项　　目	补偿系数范围	采用补偿系数	项　　目	补偿系数范围	采用补偿系数
（1）泄漏检测装置	0.94～0.98	0.95	（6）水幕	0.97～0.98	
（2）钢质结构	0.95～0.98	0.96	（7）泡沫灭火装置	0.92～0.97	
（3）消防水供应系统	0.94～0.97		（8）手提式灭火器材/喷水枪	0.93～0.98	0.95
（4）特殊灭火系统	0.91		（9）电缆防护	0.94～0.98	0.95
（5）洒水灭火系统	0.74～0.97				
$C_3 = 0.82$					
安全措施补偿系数 $C = C_1 \cdot C_2 \cdot C_3 = 0.67$					
安全措施补偿后的火灾爆炸指数 $F\&EI' = F\&EI \cdot C = 113.4 \times 0.67 = 75.98$ （较轻）					
暴露区域半径 $R = 0.256 F\&EI' = 0.256 \times 75.98 = 19.45$ （m）					
暴露区域面积 $A = \pi \cdot R^2 = 3.14159 \times 19.45^2 = 1188.5$ （m^2）					

　　根据以上分析，在采取补偿措施前，输气管线的危险性等级为"中等"，在采取措施（紧急切断装置、计算机控制、操作规程、排空装置、泄漏检测装置、钢质结构）补偿后，危险性较补偿前有一定程度的降低，火灾、爆炸指数由"中等"降为"较轻"。

第五章 原油生产岗位危害识别

第一节 原油生产运行管理模式

以塔里木油田分公司为例。塔里木油田执行四级生产管理模式：塔里木油田—事业部—作业区—站队。

各作业区根据本区块原油开采、处理的特点，设立了相应功能的室、站、队的管理模式。

以轮南作业区为例，下设四站（轮一联合站、轮二转油站、轮三联合站、天然气站）、一个采油队、四室（综合办公室、生产管理室、工程技术室、工艺安全室）。轮南作业区机构设置情况如图5.1.1所示。

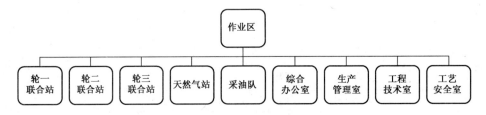

图5.1.1 轮南作业区组织机构设置

第二节 原油生产岗位危害识别内容

对原油生产全过程的生产岗位进行危害识别，即对井口采油、中转计量、集中处理三个主要生产过程的主要生产岗位，从以下方面进行危害因素识别、分析，查找原因并给出相应的防范措施。

（1）设备设施固有危害因素分析。

通过对原油生产各岗位涉及的设备设施的固有危害因素进行识别，并给出防范措施。

（2）生产岗位常见的操作或故障危害因素分析。

（3）管理与环境危害因素分析。

管理与环境危害因素识别在表3.6.1中给出了相应的检查项目，并运用检查表的方式进行了分析，下文不再对特定站场进行分析。

（4）其他危害因素分析。

对站、队的各个岗位可能存在的其他危害，在表3.7.1中给出了相应的检查项目，并运用检查表的方式进行了分析，下文不再对特定站场进行分析。

第三节 采油队生产岗位危害识别

一、采油队简介

（一）采油队岗位设置

采油队岗位设置如图 5.3.1 所示。

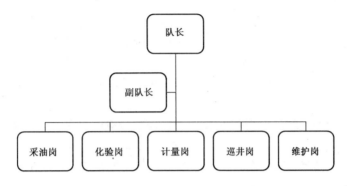

图 5.3.1 采油队岗位设置示意图

（二）采油队生产流程

（1）单井采输流程如图 5.3.2 所示。

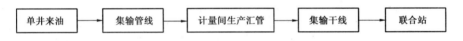

图 5.3.2 单井采输流程

（2）计量间集输流程如图 5.3.3 所示。

图 5.3.3 计量间集输流程

（3）计量间注水流程如图 5.3.4 所示。

图 5.3.4 计量间注水流程

（4）计量间注气流程如图 5.3.5 所示。

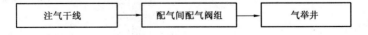

图 5.3.5 计量间注气流程

（5）试采单井采输流程如图 5.3.6 所示。

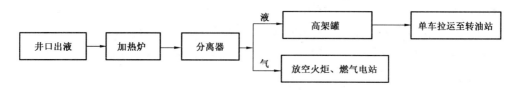

图 5.3.6 试采单井采输流程

二、生产岗位危害识别

采油队主要负责所辖井区的油气井生产、水井注水、气举配气以及油气集输。

采油队各生产岗位涉及的设备设施主要包括两部分：采油井场和计量间，其中井口部分包括生产井和试采井。主要设备设施有采油井场、集油管道、计量阀组、油气分离器、注水管道和配气阀组等。根据前面介绍的工艺流程，采油队主要设备设施的固有危害因素分析见表 5.3.1。

采油队主要生产岗位常见的操作或故障危害因素分析见表 5.3.2。

表 5.3.1 采油队主要设备设施固有危害因素分析表

单元	设备设施名称	危害或故障	原因分析	处置措施	危险分析 ($D=L \cdot E \cdot C$)				危险程度
					L	E	C	D	
采油井场	游梁式抽油机	底座和支架振动	（1）基础建筑不牢固。 （2）支架与底座连接不牢固。 （3）抽油机严重不平衡。 （4）地脚螺栓松动。 （5）抽油机未对准井口	（1）按设计要求建筑基础。 （2）连接处加金属片，紧固螺栓。 （3）调整抽油机平衡。 （4）拧紧地脚螺栓。 （5）抽油机光杆对准井口	1	6	7	42	可能危险
		曲柄振动	（1）曲柄销锁紧螺母松动。 （2）曲柄孔内脏。 （3）曲柄销圆锥面磨损	（1）上紧锁紧螺母。 （2）擦净锁孔。 （3）更换曲柄销	3	6	1	18	稍有危险
		密封不良（减速箱体与箱盖结合面或轴承盖处漏油）	（1）润滑油过多。 （2）箱体结合不良。 （3）放油丝堵未上紧。 （4）回油孔及回油槽堵塞。 （5）油封失效或唇口磨损严重	（1）放出多余油。 （2）均匀上紧箱体螺栓。 （3）拧紧放油丝堵。 （4）疏通回油孔，清理回油槽中的脏物使之畅通。 （5）油封应在二级保养时更换，如油封唇口磨损严重而漏油，应更新油封	3	6	1	18	稍有危险

续表

单元	设备设施名称	危害或故障	原因分析	处置措施	危险分析 (D = L · E · C)				危险程度
					L	E	C	D	
采油井场	游梁式抽油机	减速箱高温（油池过热，温度高于60℃）	(1) 润滑油过多或过少。 (2) 润滑油牌号不对或变质	(1) 按液面规定位置加油。 (2) 检查更换已变质的润滑油	3	6	1	18	稍有危险
		轴承部分过热	(1) 润滑油不足。 (2) 轴承盖或密封部分摩擦。 (3) 轴承损害或磨损。 (4) 轴承间隙过大或过小	(1) 检查液位并加入润滑油。 (2) 拧紧轴承盖及连接部位螺栓，检查密封件。 (3) 检查轴承，如损坏更换。 (4) 调整轴承间隙	3	6	1	18	稍有危险
		刹车系统缺陷	(1) 刹车片未调整好。 (2) 刹车片磨损。 (3) 刹车片或刹车鼓有油污	(1) 调整刹车片间隙。 (2) 更换刹车片。 (3) 擦净污油	3	6	3	54	可能危险
		驴头部位振动（噪声）	(1) 钢丝绳缺油发干。 (2) 钢丝绳断股	(1) 给钢丝绳加油。 (2) 更换钢丝绳	3	6	3	54	可能危险
		连杆振动（可能导致连杆断裂）	(1) 连杆销被卡住。 (2) 曲柄销负担的不平衡力矩太大。 (3) 连杆上下接头焊接质量差。 (4) 连杆未成对更换	(1) 正确安装连杆销。 (2) 消除不平衡现象，重新找正抽油机。 (3) 检查焊接质量。 (4) 连杆成对更换	3	6	3	54	可能危险
		电机振动	(1) 电机基础不平，安装不当。 (2) 电机固定螺栓松动。 (3) 转子和定子摩擦。 (4) 轴承损坏	(1) 调整电机基础，调整皮带轮至同心位置，紧固皮带轮，检查转子铁芯，校正转子轴。 (2) 紧固电机固定螺栓。 (3) 转子与定子产生摩擦应维修。 (4) 更换轴承	3	6	3	54	可能危险
		电机启动故障	(1) 一相无电或三相电流不稳。 (2) 抽油机载荷过大。 (3) 抽油机刹车未松开或抽油泵卡泵。 (4) 磁力启动触点接触不良或被烧坏。 (5) 电机接线盒螺钉松动	(1) 检查并接通缺相电源，待电压平稳后启动抽油机。 (2) 解除抽油机超载。 (3) 松开刹车，进行井下解卡。 (4) 调整好触点弹簧或更换磁力启动器。 (5) 上紧电机接线盒内接线螺钉	3	6	3	54	可能危险

续表

单元	设备设施名称	危害或故障	原因分析	处置措施	L	E	C	D	危险程度
采油井场	电潜泵抽油机	电流卡片故障显示：(1) 电流下降。(2) 电流值既低又不稳定	(1) 由于液面下降而使泵吸入口压力降低，气体开始进泵。(2) 由于液面接近泵的吸入口，气体进泵量增加并且不稳定，导致电泵欠载且波动，最终机组欠载停机	(1) 增加下泵深度。(2) 如不能增加下泵深度，可以装油嘴限产使液面提高。(3) 如上述两种办法都不能奏效，可实行间歇生产方式。对于这样的井，下次起泵时应重新选泵	3	6	3	54	可能危险
集油管道及阀组	单井管道、计量阀组	缺陷导致物理性爆炸	(1) 管道腐蚀导致壁厚减薄，应力腐蚀导致管道脆性破裂。(2) 系统异常导致管道压力骤然升高。(3) 工作状态不稳，管道剧烈振动。(4) 外力冲击或自然灾害破坏	(1) 提高防腐等级，减缓管道腐蚀。(2) 加强管道维护管理（尤其对运行时间长且腐蚀严重的管道），确保系统处于良好的运行状态。(3) 定期进行管道安全检查和压力管道检验。(4) 设置自动泄压保护装置，防止液击和超压运行	3	6	7	126	显著危险
		缺陷导致泄漏	(1) 防腐缺陷，导致管道腐蚀穿孔或破裂。(2) 一次仪表或连接件密封损坏。阀门、法兰及其他连接件密封失效。(3) 阀门关闭、开启过快或突然停电产生液击，导致管道损坏	(1) 严格执行压力管道定期检验。(2) 加强管子、管件、连接件及检测仪表的检查、维护和保养。(3) 加强巡回检查，严密监视各项工艺参数，及时发现事故隐患并及时处理	3	6	7	126	显著危险
		运动物伤害	(1) 阀门质量缺陷，阀芯、阀杆、卡箍损坏飞出。(2) 带压紧固连接件突然破裂。带压紧固压力表的连接螺纹有缺陷导致压力表飞出	(1) 确保投用的阀门质量（此项工作属于建设期问题）。(2) 巡检过程中严格检查压力表、阀门及其他连接件的工作情况，发现异常及时处理	3	6	3	54	可能危险
		管道冻堵	冬季管道输送介质温度过低	提高输送介质温度，在停产时做好方案避免凝管	0.5	6	40	120	显著危险

续表

单元	设备设施名称	危害或故障	原因分析	处置措施	危险分析 $(D = L \cdot E \cdot C)$				危险程度
					L	E	C	D	
计量间	油气分离器	缺陷导致物理性爆炸	(1) 电化学腐蚀造成容器或受压元件壁厚减薄，承压能力不足。 (2) 应力腐蚀造成容器脆性破裂，引发容器爆裂。 (3) 压力、温度、液位计检测仪表失效，可导致系统发生意外事故，甚至引发容器爆裂。 (4) 安全阀失效，可能因压力升高引起容器爆裂。 (5) 容器压力超高，岗位人员没有及时打开旁通，引发容器爆裂	(1) 采用防腐层和阴极保护措施并定期检测。 (2) 采用防腐层或缓蚀剂并定期检测。 (3) 除定期检测压力表、温度计、液位计等仪表外，日常巡检过程中还应检查上述检测仪表的工作状态，发现异常及时维修或更换。 (4) 安全阀定期检验。为防止安全阀的阀芯和阀座黏住，应定期对安全阀做手动的排放试验。 (5) 岗位人员监测分离器压力情况，当压力高于设计值时，停止计量，改为旁通越站流程	3	6	15	270	高度危险
		密封不良	人孔、排污孔、工艺或仪表开孔等处连接件密封失效，排污孔关闭不严，容器或受压元件腐蚀穿孔等	(1) 定期检测。 (2) 巡检人员认真检查，发现异常及时处理	3	6	7	126	显著危险
		设备缺陷导致出口汇管刺漏	(1) 腐蚀。 (2) 高压。 (3) 材质问题	(1) 定期检测。 (2) 巡检人员认真检查，发现异常及时处理。 (3) 按照工况合理选材	3	6	7	126	显著危险
注水配水间	注水管道	缺陷导致物理性爆炸	(1) 管道腐蚀导致壁厚减薄，应力腐蚀导致管道脆性破裂。 (2) 系统异常导致管道压力骤然升高，压力超过设计压力。 (3) 快速开关阀门产生水击导致管道损坏。 (4) 安全阀等泄压装置失灵。 (5) 工作状态不稳定，压力缓冲器氮气压力不足，造成管道剧烈振动。 (6) 外力冲击或自然灾害破坏	(1) 加强管道维护管理（尤其对运行时间长且腐蚀严重的管道），确保系统处于良好的运行状态。定期进行管道安全检查和压力管道检验。 (2) 设置自动泄压保护装置，防止液击和超压运行。 (3) 巡检人员认真检查，发现异常及时处理	3	3	7	63	可能危险

续表

单元	设备设施名称	危害或故障	原因分析	处置措施	危险分析 ($D = L \cdot E \cdot C$)				危险程度
					L	E	C	D	
注水配水间	注水管道	缺陷导致泄漏	（1）管道腐蚀穿孔。 （2）管道一次仪表或其连接件密封损坏，阀门、法兰及其他连接件密封失效。 （3）水击导致管道损坏。 （4）工作状态不稳定，压力缓冲器氮气压力不足，造成管道剧烈振动，造成管道破裂。 （5）外力冲击或自然灾害破坏，导致管道损坏	（1）严格执行压力管定期检验。 （2）加强管子、管件、连接件及检测仪表的检查、维护和保养。 （3）加强巡回检查，严密监视各项工艺参数，及时发现事故隐患并及时处理	3	6	3	54	可能危险
		运动物伤害	（1）阀门质量有缺陷，阀芯、阀杆、卡箍损坏飞出。 （2）管件、连接件质量有缺陷而损坏、破裂。 （3）管道检测仪表或其连接件损坏、破裂。 （4）带压进行管道维修。 （5）管道进行水压试验时，防护措施不完善。 （6）在线调整泄压阀，泄压阀配件飞出	（1）确保投用的阀门、管件、连接件质量。 （2）巡检过程中严格检查压力表、阀门及其他连接件的工作情况，发现异常及时处理。 （3）进行水压试验等操作时，防护措施应完善	3	6	7	126	显著危险
		运动物伤害（高压水物体打击）	（1）管道爆裂、泄漏，高压水喷射，若接触人体，可造成人体刺伤。若冲击设备、电缆及建（构）筑物，可造成设备设施损坏。 （2）管道进行水压试验时，防护措施不完善。 （3）违章操作，如更换压力表不预先进行泄压，带压进行管道、管件、连接件检修等。 （4）在线调整泄压阀，高压水喷出，可造成高压伤害	（1）进行水压试验等操作时，防护措施应完善。 （2）严格按照操作规程操作，严禁违章操作	3	6	7	126	显著危险

续表

单元	设备设施名称	危害或故障	原因分析	处置措施	危险分析 (D = L·E·C)				危险程度
					L	E	C	D	
注气配气间	配气阀组	缺陷导致物理性爆炸	（1）管道腐蚀导致壁厚减薄，应力腐蚀导致管道脆性破裂。（2）系统异常导致管道压力骤然升高。（3）工作状态不稳，管道剧烈振动。（4）外力冲击或自然灾害破坏	（1）提高防腐等级，减缓管道腐蚀。（2）加强管道维护管理（尤其对运行时间长且腐蚀严重的管道），确保系统处于良好的运行状态。（3）定期进行管道安全检查和压力管道检验。（4）设置自动泄压保护装置，防止超压运行	3	6	7	126	显著危险
		防护缺陷导致泄漏	（1）防腐缺陷，导致管道腐蚀穿孔或破裂。（2）一次仪表或连接件密封损坏。阀门、法兰及其他连接件密封失效	（1）严格执行压力管定期检验。（2）加强管子、管件、连接件及检测仪表的检查、维护和保养。（3）加强巡回检查，严密监视各项工艺参数，及时发现事故隐患并及时处理	3	6	3	54	可能危险
		运动物伤害	（1）阀门质量有缺陷，阀芯、阀杆、卡箍损坏飞出。（2）管件、连接件质量有缺陷而损坏、破裂。（3）管道检测仪表或其连接件损坏、破裂	（1）确保投用的阀门、管件、连接件质量（此项工作属于建设期问题）。（2）巡检过程中严格检查压力表、阀门及其他连接件的工作情况，发现异常及时处理	3	6	7	126	显著危险

表5.3.2　采油队主要生产岗位常见操作危害因素分析表

岗位	操作或故障	常见操作步骤及危害	控制消减措施
采油岗	抽油机井启停机	（1）设备漏电，手臂接触电气设备裸露部位，易发生触电事故。（2）切断电源时易造成触电事故。（3）启机时，抽油机周围有人或障碍物，易造成机械伤害或其他事故。（4）启机时，未检查井口流程，易造成油气泄漏。（5）启机时，未松开刹车，易造成电气设备烧毁	（1）启停机前，用试电笔验电。（2）应侧身切断电源。（3）启机前，应确认抽油机周围无人或障碍物。（4）启机前，确认井口流程通畅。（5）启机时，确认刹车情况

续表

岗位	操作或故障	常见操作步骤及危害	控制消减措施
采油岗	抽油机井井口憋压	(1) 没有检查井口生产状况及是否具备憋压条件，易造成油气泄漏事故。 (2) 停机时，没有验电及切断电源，配电箱等电气设备漏电，易发生触电事故。 (3) 关井口回油阀门时没有侧身，易造成物体打击事故。 (4) 憋压值超过压力表的量程，易造成物体打击等人身伤害事故	(1) 认真检查井口流程，确认不具备憋压条件，避免发生油气泄漏事故。 (2) 停机时，先验电及切断电源。 (3) 开关井口回油阀门时应侧身。 (4) 憋压值不超过压力表的有效量程
	抽油机井调平衡	(1) 启停机、测量电流时，配电箱等电气设备漏电，易发生触电事故。 (2) 停机作业时，由于死刹（安全制动）没有锁死，易造成机械伤害事故。 (3) 登高作业时，易发生高处坠落事故。 (4) 紧固平衡块螺钉使用大锤时戴手套、用力过猛、落物易造成物体打击事故	(1) 启停机时，应在配电箱上用试电笔验电。 (2) 抽油机刹车要刹紧，死刹（安全制动）要锁死。 (3) 高处作业时应正确使用安全带。 (4) 高处作业时禁止抛送物件，以防落物伤人。 (5) 平衡块下方严禁站人，移动平衡块时不要用力过猛。 (6) 严禁戴手套使用大锤
	抽油机井调冲次	(1) 开关操作时，配电箱等电气设备漏电，易发生触电事故。 (2) 拆皮带轮操作时，由于死刹（安全制动）没有锁死，易发生机械伤害事故。 (3) 移动电动机时用力不当，易发生高处坠落、物体打击等事故。 (4) 装卸皮带时戴手套或抓皮带，易发生机械伤害事故。 (5) 在平台上操作时，操作不平稳，容易导致身体失衡、跌倒，易造成高处坠落事故	(1) 操作前用试电笔验电。 (2) 抽油机刹车要刹紧，死刹（安全制动）要锁死。 (3) 移动电动机和在平台上操作时，注意工作环境，操作要平稳。 (4) 装卸皮带时严禁戴手套或抓皮带
	抽油机井抽油杆对扣	(1) 抽油机操作前未检查、调整刹车，易发生机械伤害事故。 (2) 对于有喷势的油井，回压阀门未关严或并没有压住，造成油气泄漏或遇明火引发火灾事故。 (3) 启停机时没有侧身，没有用试电笔验电，配电箱等电气设备漏电，易发生触电事故。 (4) 装、卸负荷打卡子过程中，易发生物体打击、机械伤害事故。 (5) 吊起光杆时无人监护，起吊臂下站人，易造成起重伤害事故	(1) 抽油机操作前，必须检查、调整刹车，确保刹车灵活、好用。 (2) 对于有喷势的油井，要压住井，关严回压阀门，放掉余压再操作。 (3) 先验电并侧身启停机。 (4) 装、卸负荷打卡子过程中，方卡子螺栓对面严禁站人。 (5) 打卡子操作时，严禁手抓光杆。 (6) 吊起光杆一定要有专人指挥，起吊臂下严禁站人

岗位	操作或故障	常见操作步骤及危害	控制消减措施
采油岗	抽油机井碰泵	(1) 配电箱等电气设备漏电，易发生触电事故。 (2) 准备操作时，抽油机刹车未刹死，易造成机械伤害事故。 (3) 操作时抓光杆，易发生机械伤害事故。 (4) 装、卸负荷打卡子过程中，易发生物体打击、机械伤害事故	(1) 操作前要用试电笔验电。 (2) 抽油机刹车要刹紧，死刹（安全制动）要锁死。 (3) 打卡子操作时严禁手抓光杆，方卡子螺栓对面严禁站人。 (4) 操作要平稳
	电泵井调整过（欠）载值	(1) 停泵前没有验电，控制屏等电气设备漏电，易发生触电事故。 (2) 开关控制屏门时不小心接触高压电，易发生触电事故	(1) 停泵前，先用试电笔验电。 (2) 开关控制屏门时小心缓慢操作
巡井岗	抽油机井巡检	(1) 在检查并调整密封填料压帽松紧度时，用手抓光杆或光杆下行时检查光杆，易发生机械伤害事故。 (2) 检查抽油机运行状况时，人与抽油机间距离不符合安全距离要求，易发生机械伤害事故。 (3) 检查变压器、配电箱等电器设备时，易发生触电事故	(1) 严禁手抓光杆。 (2) 检查抽油机时，应保持安全距离。 (3) 检查电气设备前，应用试电笔验电
	电泵井巡检	(1) 控制屏等电气设备漏电，易发生触电事故。 (2) 井口房内井口设备漏气，易发生中毒、化学性爆炸事故	(1) 检查控制屏等电气设备前，应用试电笔验电。 (2) 进入井口房前，先打开门通风
	注水井巡检	(1) 调水量时，开关阀门未侧身，管钳开口未向外，易造成物体打击事故。 (2) 录取压力等资料时，带压拆卸压力表，易造成人身伤害事故	(1) 侧身、平稳开关阀门。 (2) 管钳与 F 扳手开口向外。 (3) 拆卸压力表时放净压力
维护岗	抽油机井更换电机	(1) 停抽断电、拆接线盒时，由于绝缘不良，操作时未戴绝缘手套，易发生触电事故。 (2) 卸固定螺栓时，操作不平稳导致工具滑脱，造成物体打击或高处坠落等伤害。 (3) 吊装电机时，电机坠落会造成起重伤害事故。 (4) 吊上电机并固定时，电机与滑轨接触容易造成挤压等机械伤害。 (5) 调整皮带时，由于违反操作规程造成机械伤害事故。 (6) 调相序开抽时，不按程序操作易造成触电事故	(1) 操作前用试电笔验电并佩戴绝缘手套。 (2) 平稳操作，防止发生高处坠落。 (3) 抽油机吊装时选择合适站位，吊臂下严禁站人。 (4) 操作人员严密配合，精力集中。 (5) 禁止抓皮带，盘皮带时禁止戴手套。 (6) 高处作业禁止抛送物件，防止落物伤人。 (7) 用试电笔验电并佩戴绝缘手套

续表

岗位	操作或故障	常见操作步骤及危害	控制消减措施
维护岗	抽油机井维修保养	（1）测量电流时，电气设备漏电，易发生触电事故。 （2）检查抽油机运行状况，人和抽油机之间距离不符合安全距离要求，易发生机械伤害事故。 （3）未停机维修保养，易发生机械伤害事故。 （4）停机维修保养时，由于死刹（安全制动）没有锁死，易发生机械伤害事故。 （5）进行轴承部位添加润滑油（脂）等高处作业时，易发生高处坠落事故。 （6）清洗减速箱内部时，放机油措施不当易造成环境污染。 （7）校对检查刹车时，刹车箍两侧张合度不一致造成人员挤碾等机械伤害。 （8）高处作业时，落物易造成物体打击事故	（1）操作前在配电箱上用试电笔验电。 （2）检查抽油机时，应保持安全距离。 （3）抽油机运转时严禁处理各部位问题。 （4）抽油机刹车要刹死，死刹（安全制动）要锁死。 （5）高处作业应正确使用安全带。 （6）放油时用导管接入容器，并将废油回收处理。 （7）调整好张合度，检查刹车片磨损情况并及时更换。 （8）高处作业禁止抛送物件，防止落物伤人，恶劣天气不得进行抽油机保养
	抽油机更换皮带	（1）电气设备漏电，易发生触电事故。 （2）松螺栓、移动电动机时用力不当，易造成机械伤害事故。 （3）装卸皮带时戴手套或抓皮带，易发生机械伤害事故。 （4）上螺栓在平台上操作时，操作不平稳，容易导致身体失衡、跌倒，易造成高处坠落事故。 （5）未采用前移动电动机的方法更换皮带，易造成机械伤害事故	（1）操作前要用试电笔验电。 （2）移动电动机及在平台上操作时，注意工作环境，操作要平稳。 （3）装卸皮带时严禁戴手套或抓皮带。 （4）应采用前移动电动机的方法更换皮带
	抽油机井更换刹车蹄片和调整刹车	（1）启停机时没有侧身，没有用试电笔验电，配电箱等电气设备漏电，易发生触电事故。 （2）停机位置错误，易发生机械伤害事故。 （3）卸掉刹车摇臂与刹车蹄轴时用力过猛，易造成高处坠落、物体打击等事故。 （4）送电启动抽油机时没有侧身，易发生触电和烧坏电气设备事故	（1）操作前要用试电笔验电，侧身启停机。 （2）应将驴头停在死点上，避免发生机械伤害事故。 （3）操作要平稳，高处作业应正确使用安全带。 （4）送电启动抽油机时侧身点启动按钮
	抽油机井更换曲柄销	（1）启停机时没有侧身，没有用试电笔验电，配电箱等电气设备漏电，易发生触电事故。 （2）操作时，由于死刹（安全制动）没有锁死，易发生机械伤害事故。 （3）装、卸负荷打卡子过程中，易发生物体打击、机械伤害事故。 （4）松卸连杆螺栓操作不平稳，易发生高处坠落事故。 （5）高处落物，易造成物体打击事故。 （6）使用大锤时戴手套、用力过猛、落物易造成物体打击事故	（1）启停机时应先验电，侧身操作，电源一定要切断，防止自动启动。 （2）刹车一定要刹死，死刹（安全制动）一定要锁死。 （3）打卡子操作时，严禁手抓光杆，方卡子螺栓对面严禁站人。 （4）操作要平稳，高处作业应正确使用安全带。 （5）高处作业时带上工具袋，防止发生物体打击事故。 （6）使用大锤严禁戴手套，操作要平稳

续表

岗位	操作或故障	常见操作步骤及危害	控制消减措施
维护岗	抽油机井更换密封填料	(1) 设备漏电，易发生触电事故。 (2) 操作前相关阀门未关闭或关闭不严，带压操作易发生物体打击事故。 (3) 更换填料时，密封填料盒压帽悬挂不牢靠，易造成物体打击事故。 (4) 调整密封填料盒压帽松紧度时，用手抓光杆，易造成机械伤害事故。 (5) 工作环境不良，易造成高处坠落	(1) 操作前要用试电笔验电。 (2) 确定关严井口相关阀门，缓慢打开密封填料盒压帽。 (3) 压帽固定牢靠。 (4) 严禁用手抓光杆。 (5) 操作前，先清理工作面上的油污、水、冰雪等易滑物
	抽油机井更换光杆	(1) 抽油机操作前，未检查、调整刹车，易发生机械伤害、物体打击事故。 (2) 对于有喷势的油井，回压阀门未关严或井没有压住，造成油气泄漏，如遇明火引发火灾、爆炸事故。 (3) 启停机时没有侧身，没有用试电笔验电，配电箱等电气设备漏电，易发生触电事故。 (4) 装、卸负荷打卡子过程中，易发生物体打击、机械伤害事故。 (5) 吊起光杆时无人监护，起吊臂下站人，易造成起重伤害事故。 (6) 操作时，用手抓光杆，易发生机械伤害事故	(1) 抽油机操作前，必须检查、调整刹车，确保刹车灵活、好用。 (2) 对于有喷势的油井，要压住井，关严回压阀门，放掉余压再操作。 (3) 应先验电，侧身启停机。 (4) 装、卸负荷打卡子过程中，方卡子螺栓对面严禁站人。 (5) 吊起光杆时一定要有专人指挥，起吊臂下严禁站人。 (6) 操作时严禁手抓光杆
	电泵井更换油嘴	(1) 停泵时控制屏等电气设备漏电，易发生触电事故。 (2) 换油嘴操作时未泄压或操作不当，易造成物体打击等事故。 (3) 在井口房内操作时，因阀门关闭不严漏气，易发生中毒、爆炸事故	(1) 停泵前应用试电笔验电。 (2) 操作前确认已泄压。 (3) 在井口房内操作时，确认阀门关严、无漏气。 (4) 要达到通风要求
	抽油机井热洗	(1) 流程倒错造成憋压，易造成油气泄漏、物体打击、火灾、爆炸等事故。 (2) 放套管气外排，造成环境污染，如遇明火发生火灾、爆炸事故。 (3) 高压热洗车洗井送压时，高压区内有操作人员，易发生物体打击事故	(1) 洗井时认真检查流程，观察压力变化。 (2) 严禁放套管气放空，应密闭排放、缓慢操作。 (3) 高压热洗车洗井送压时，井口严禁站人，在洗井压力稳定后操作
	注水井洗井	开关阀门未侧身，管钳开口未向外，易造成物体打击事故	侧身、平稳开关阀门，管钳开口向外
	计量分离器更换玻璃管	(1) 关闭玻璃管上、下流控制阀门或阀门开关顺序有误，使玻璃管憋爆，易造成物体打击伤人事故。 (2) 割玻璃管时，碎片及锋利部位易造成割伤等人身伤害事故	(1) 按顺序关闭玻璃管控制阀门。 (2) 割玻璃管时，应轻拿轻放，用力均匀、平稳

续表

岗位	操作或故障	常见操作步骤及危害	控制消减措施
维护岗	冲洗计量分离器	(1) 未关闭玻璃管上、下流控制阀门，憋爆玻璃管易造成物体打击事故。 (2) 关闭阀门未侧身，速度过快，易造成物体打击事故。 (3) 换玻璃管时，人员不慎高处坠落	(1) 冲洗计量分离器时，应先按顺序关闭玻璃管控制阀门。 (2) 侧身、平稳开关阀门，冲洗压力应低于安全阀开启压力。 (3) 加强自身保护
	闸板阀添加密封填料及更换法兰垫片	(1) 倒流程时未泄压，易造成物体打击事故。 (2) 螺栓未上满、上全，易造成油气泄漏。 (3) 工作结束试压时，未侧身关闭放空阀门造成物体打击	(1) 确定泄压后再操作。 (2) 螺栓应上满、上全。 (3) 工作结束试压时，侧身关闭放空阀门
	焊接管道穿孔	(1) 管道放空时，由于放空不净造成环境污染，若不慎造成穿孔扩大。 (2) 接通电焊机时，由于漏电可能造成触电事故。 (3) 施焊过程中操作失误造成人员刺伤眼睛或灼烫事故	(1) 严格按照操作规程倒流程。 (2) 施工前仔细检查。 (3) 管道管理人员配合紧密，准备工作到位
	维修电工操作	(1) 未取得操作资格证书上岗操作，易发生触电事故。 (2) 未正确使用检验合格的绝缘工具、用具，未正确穿戴经检验合格的劳动防护用品，易发生触电事故。 (3) 使用未经检验合格的绝缘工具、用具，穿戴未经检验合格的劳动防护用品，易发生触电事故。 (4) 装设临时用电设施未办理作业票，未落实相关措施，易发生触电事故。 (5) 维护保养作业时，未设专人监护，未悬挂警示牌，易发生触电事故。 (6) 电气设备发生火灾时，不会正确使用消防器材，易导致事故扩大	(1) 电工经培训合格，取得有效操作资格证书，方可上岗。 (2) 正确使用检验合格的绝缘工具、用具，正确穿戴经检验合格的劳动防护用品。 (3) 禁止使用未经检验合格的绝缘工具、用具，禁止穿戴未经检验合格的劳动防护用品。 (4) 装设临时用电设施必须办理作业票，落实相关措施。 (5) 维护保养作业时，设专人监护、悬挂警示牌。 (6) 会正确使用消防器材

第四节 转油站生产岗位危害识别

一、转油站简介

（一）转油站制定了各岗位职责和操作规程。

转油站岗位设置如图 5.4.1 所示。

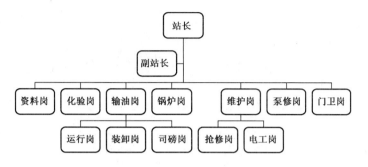

图 5.4.1 转油站岗位设置示意图

（二）转油站生产流程

（1）油处理流程如图 5.4.2 所示。

图 5.4.2 油处理流程

（2）加热流程如图 5.4.3 所示。

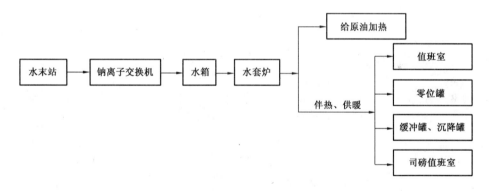

图 5.4.3 加热流程

（3）污水流程如图 5.4.4 所示。

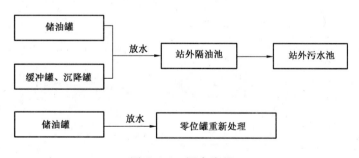

图 5.4.4 污水流程

二、生产岗位危害识别

转油站各生产岗位涉及的设备设施主要包括卸油装置、储罐及水套加热炉。根据前面介绍的工艺流程，转油站主要设备设施的固有危害因素分析见表5.4.1。

转油站主要生产岗位常见的操作或故障危害因素分析见表5.4.2。

表5.4.1　转油站主要设备设施固有危害因素分析表

单元	设备设施名称	危害或故障	原因分析	处置措施	危险分析 ($D=L \cdot E \cdot C$)				危险程度
					L	E	C	D	
卸油台	油罐车、卸油台	溢油	油罐车装油留有的空容量不够	装油高度必须符合规定要求，不得超装	3	6	7	126	显著危险
		附件密封不良导致漏油	(1) 配套附件的螺栓松动。 (2) 量油孔密封垫破损	加强日常检查及定期检定，确保配套附件完好	1	6	7	42	可能危险
		易燃液体导致火灾、爆炸	(1) 卸油过程中跑、冒油。 (2) 存在点火源（静电、其他点火源）	(1) 卸油过程中，岗位人员严格执行操作规程。 (2) 消除人体静电，油罐车静电接地完好，使用防爆工具等	3	6	15	270	高度危险
		化学性危险因素（中毒）	卸油过程中跑、冒油	岗位人员佩戴防护用品	3	6	3	54	可能危险
加热炉	水套加热炉	强度不够	设计、制造存在缺陷，导致承压能力不足，可引发设备承压件爆裂事故	加强设计管理，锅炉压力容器定期检验	1	6	15	90	显著危险
		水套物理性爆炸	水套炉严重缺水，不采取停火凉炉措施突然加水，导致进炉水剧烈汽化，可能引发水套爆裂	(1) 严格监控水位，保证不缺水。 (2) 一旦发生缺水，应及时停火凉炉，然后再加水启炉	3	6	15	270	高度危险
		耐腐蚀性差	炉膛温度（烟气温度）控制不当，燃料含硫，可加快对流管（烟管）腐蚀穿孔，引发泄漏	定期检查、维修或更换	3	6	7	126	显著危险
		换热管故障	换热管穿孔、爆裂或断裂，大量压力流体进入水套空间，可引起设备爆裂，并可引发火灾、爆炸事故	定期检查、维修或更换	3	6	15	270	高度危险

单元	设备设施名称	危害或故障	原因分析	处置措施	危险分析 ($D = L \cdot E \cdot C$)				危险程度
					L	E	C	D	
加热炉	水套加热炉	防护缺陷	火焰突然熄灭，燃料继续供应进入炉膛，燃料蒸发并与空气混合形成爆炸混合物，炉膛高温引发爆炸	确保熄火保护完好	3	6	15	270	高度危险
		密封不良	燃料不能完全燃烧，烟气中含有可燃气体，若炉体不严密致使空气进入烟道，可燃气体与空气形成爆炸混合物，可在烟道内发生爆炸	加强日常检查，确保炉体密封性良好	3	6	7	126	显著危险
		高温危害	（1）设备高温部件裸露、高温热媒、物料泄漏或紧急泄放，可引发人员灼烫伤害。（2）设备点火、燃烧器参数调整时，个体防护缺失或有缺陷，若炉膛回火，易造成灼烫伤害。（3）水套炉严重缺水，不采取停火凉炉措施突然加水，导致进炉水剧烈汽化，蒸汽通过加水口喷出可造成灼烫伤害	（1）设备高温部件裸露的部位如果危及操作人员，应加保温材料防护。（2）加强个体防护，避免造成灼烫伤害。（3）严格监控水套炉水位，一旦缺水应及时停火凉炉	3	6	3	54	可能危险
储罐（缓冲罐、沉降罐、储油罐）	罐体	罐顶缺陷	罐顶强度不够	按标准验收，定期检测	0.2	6	7	8.4	稍有危险
		罐体缺陷导致罐变形、破裂、泄漏	筒体刚度不够	定期检测、试压	0.5	6	7	21	可能危险
	附件	附件缺陷导致扶梯垮塌	支撑不当	检查整改，加固支撑	0.5	6	3	9	稍有危险
		防护不当	上下扶梯时防护不当	规范作业	1	6	3	18	稍有危险
			罐顶护栏防护不当	检查、整改	1	6	15	80	显著危险
		缺陷导致罐抽瘪、破裂、泄漏	（1）呼吸阀缺陷。（2）呼吸阀堵塞	（1）定期检验，及时更换。（2）定期检查，及时维修	1	3	7	21	可能危险
		附件缺陷导致罐体变形、开裂	安全阀失灵	（1）标校。（2）定期检查维修。（3）及时更换	1	3	7	21	可能危险

续表

单元	设备设施名称	危害或故障	原因分析	处置措施	危险分析 (D=L·E·C)				危险程度
					L	E	C	D	
储罐（缓冲罐、沉降罐、储油罐）	附件	缺陷导致冒罐	液位计卡堵	检查、维修	1	6	7	42	可能危险
		缺陷导致刺漏	液位计断裂	日常检查，及时更换	1	6	7	42	可能危险
		防护设施缺陷	避雷装置不合格	定期检测、维修	0.5	6	40	120	显著危险
			静电接地失灵	定期检测、维修	1	6	40	240	高度危险
		管道缺陷导致破裂（事故罐）	加热盘管发生水击，工艺管道腐蚀穿孔	平稳操作，对管道定期进行腐蚀检测	1	1	7	7	稍有危险
机泵	离心泵（循环泵、转油泵、补水泵、脱水泵、热水泵、污水泵、管道泵、外输泵等）	不输液或输液很少	（1）若泵压不高，则可能吸入管道或过滤器阻塞。（2）输出管路阻力大。（3）管道或叶轮受阻。（4）泵及管道没有正确排气灌油。（5）管道中有死角形成气堵。（6）泵吸入侧真空度高。（7）旋转方向不正确。（8）转速低。（9）叶轮口环与泵体口环磨损。（10）输送液体的密度、黏度偏离基本值。（11）泵机组调整状态不正确。（12）电机只运行于两相状态。（13）传输流量低于规定值	（1）清理过滤器或管道阻塞杂物。（2）适当打开泵出口阀，使之达到工作点。（3）清洗管道或叶轮流道。（4）必要时装入排气阀，或者重新布管。（5）检查高位槽（给液槽）液位，必要时进行调节。（6）泵进口阀门全部打开。当高液位槽至泵进口阻力过大时，重新布管并检查过滤器。（7）调整电机转向。（8）提高转速。（9）更换已磨损的零件。（10）当介质偏离定购参数而发生故障时，需与厂家联系解决。（11）按照说明重新调整。（12）检查电缆的连接或更换保险。（13）把传输流量调到规定值	3	6	3	54	可能危险
		泵振动并产生噪声	（1）管道或叶轮受阻。（2）泵及管道没有正确排气灌油。（3）泵扬程高于规定扬程。（4）泵机组调整状态不正确。（5）泵承受外力过大。（6）联轴器不同心或间距未达规定尺寸。（7）轴承损坏。（8）传输流量低于规定值	（1）清洗管道或叶轮流道。（2）必要时装入排气阀，或者重新布管。（3）调节泵出口阀，使之达到工作点。（4）按照说明重新调整。（5）检查管道的连接和支撑。（6）进行调节。（7）更换轴承。（8）把传输流量调到规定值	3	6	7	126	显著危险

单元	设备设施名称	危害或故障	原因分析	处置措施	危险分析 (D = L · E · C)				危险程度
					L	E	C	D	
机泵	离心泵(循环泵、转油泵、补水泵、脱水泵、热水泵、污水泵、管道泵、外输泵等)	流量、扬程低于设计值	(1) 管道或叶轮受阻。(2) 泵及管道没有正确排气灌油。(3) 管道中有死角形成气堵。(4) 泵吸入侧真空度高。(5) 电机只运行于两相状态	(1) 清洗管道或叶轮流道。(2) 必要时装入排气阀，或者重新布管。(3) 检查高位槽（给液槽）液位，必要时进行调节。(4) 泵进口阀门全部打开。当高液位槽至泵进口阻力过大时，重布布管，检查过滤器。(5) 检查电缆的连接或更换保险	3	6	3	54	可能危险
		油泵消耗功率过大	(1) 排量超出额定排量。(2) 输送液体的密度、黏度偏离基本值。(3) 转数过高。(4) 联轴器不同心或间距未达规定尺寸。(5) 电机电压不稳定。(6) 轴承损坏。(7) 泵内有异物混入，出现卡死。(8) 泵传输量过大。(9) 填料压盖太紧，填料盒发热。(10) 泵轴窜量过大，叶轮与入口密封环发生摩擦。(11) 轴心线偏移。(12) 零件卡住	(1) 调节泵出口阀，使之达到工作点。(2) 当介质偏离定购参数而发生故障时，需与厂家联系解决。(3) 降低转数。(4) 进行调节。(5) 采用稳定电压。(6) 更换轴承。(7) 清除泵内异物。(8) 关小出口阀门。(9) 调节填料压盖的松紧度。(10) 调整轴向窜量。(11) 找正轴心线。(12) 检查、处理	3	6	7	126	显著危险
		油泵发热或不转动	(1) 泵及管道没有正确排气灌油。(2) 旋转方向不正确。(3) 联轴器不同心或间距未达规定尺寸。(4) 轴承损坏。(5) 泵内有异物混入，出现卡死。(6) 传输流量低于规定值	(1) 必要时装入排气阀，或者重新布管。(2) 调整电机转向。(3) 进行调节。(4) 更换轴承。(5) 清除泵内异物。(6) 把传输流量调到规定值	3	6	7	126	显著危险
		轴承温度过高	(1) 泵承受外力过大。(2) 轴承腔体润滑油（脂）过少。(3) 联轴器不同心或间距未达规定尺寸	(1) 检查管道的连接和支撑。(2) 补充润滑油（脂）。(3) 调整泵与电机同心度	3	6	3	54	可能危险

续表

单元	设备设施名称	危害或故障	原因分析	处置措施	危险分析 ($D = L \cdot E \cdot C$)				危险程度
					L	E	C	D	
机泵	离心泵（循环泵、转油泵、补水泵、脱水泵、热水泵、污水泵、管道泵、外输泵等）	填料密封不良导致泄漏量大	（1）填料没有装够应有的圈数。（2）填料的装填方法不正确。（3）使用填料的品种或规格不当。（4）填料压盖没有紧。（5）存在吃"填料"现象	（1）加装填料。（2）重新装填料。（3）更换填料，重新安装。（4）适当拧紧压盖螺母。（5）减小径向间隙	3	6	3	54	可能危险
		机械密封不良导致泄漏量大	（1）冷却水不足或堵塞。（2）弹簧压力不足。（3）密封面被划伤。（4）密封元件材质选用不当	（1）清洗冷却水管，加大冷却水量。（2）调整或更换。（3）研磨密封面。（4）更换为耐腐蚀性较好的材质	3	6	3	54	可能危险
		（1）泵内发出异常噪声。泵发生剧烈振动。（2）电流超过额定值持续不降。（3）泵突然不排液	需专业维修人员处理	紧急停泵	3	6	7	126	显著危险
	螺杆泵（外输泵）	泵不吸液或流量小	（1）进口管道漏气或有堵塞物，真空度达不到要求。（2）进口过滤网过流面积过小或有堵塞物。（3）安全阀内有杂物，提前开启，弹簧疲劳损坏。（4）泵密封损坏，进口漏气。（5）泵体孔与螺杆部分间隙过大。（6）旋转方向不对。（7）介质黏度过高。（8）转动定子损坏或转动部分损坏。（9）转速太低	（1）检查、清洗进口管道，更换密封垫片，拧紧法兰螺栓。（2）清洗过滤网或更换过滤网。（3）清洗安全阀内腔或更换弹簧，重新调整开启压力。（4）更换密封件。（5）更换螺杆或泵体。（6）调整转向。（7）稀释料液。（8）检查、更换。（9）调整转速	3	6	3	54	可能危险

单元	设备设施名称	危害或故障	原因分析	处置措施	危险分析 ($D = L \cdot E \cdot C$)				危险程度
					L	E	C	D	
机泵	螺杆泵（外输泵）	泵产生异常噪声、冒烟、突然停机、电机过载、轴承齿轮箱温度过高	（1）轴承损坏，造成主、从动螺杆与泵体孔碰撞。泵腔进入杂物致使电机突然停机。 （2）齿轮磨损严重，破坏螺杆定位间隙。 （3）泵与电机安装同轴度、等高误差超标。 （4）泵、电机与机座连接固定螺栓未拧紧	（1）更换轴承，清理泵腔内杂物，修复由杂物引起的各种缺陷。 （2）更换齿轮，重新定位。 （3）重新调整同轴度、等高误差。 （4）拧紧固定螺栓	3	6	7	126	显著危险
		泵不能启动	（1）新泵定转子配合过紧。 （2）电压过低。 （3）介质黏度过高	（1）用工具转动几圈。 （2）调压。 （3）稀释料液	3	6	3	54	可能危险
		泵压力达不到要求	转子、定子磨损	更换转子、定子	3	6	3	54	可能危险
		电机过热	（1）电机故障。 （2）泵出口压力过高，电机超载。 （3）电机轴承损坏	（1）检查电机并排除故障。 （2）改变出口阀门开启度，调整压力。 （3）更换损坏件	3	6	3	54	可能危险
		流量压力急剧下降	（1）管路突然堵塞或泄漏。 （2）定子磨损严重。 （3）液体黏度突然改变。 （4）电压突然下降	（1）排除堵塞或密封管路。 （2）更换定子橡胶。 （3）改变液体黏度或电机功率。 （4）调压	3	6	3	54	可能危险
		密封不良导致大量泄漏液体	软填料磨损	压紧或更换填料	3	6	3	54	可能危险
	齿轮泵（污水泵）	压力过低	（1）压力表开关未全打开。 （2）安全阀的定压过低。 （3）油的温度过高，黏度低，管子阻力小。 （4）管道漏气	（1）打开压力表开关。 （2）重新调整安全阀开启压力。 （3）降低油温，增加黏度。 （4）检查吸入端的管道，找出漏气点并予以修复	3	6	3	54	可能危险

续表

单元	设备设施名称	危害或故障	原因分析	处置措施	危险分析 (D = L · E · C)				危险程度
					L	E	C	D	
机泵	齿轮泵（污水泵）	机械密封不良致使漏油	(1) 轴封处未调整好。 (2) "O" 形密封圈损坏。 (3) 机械密封静环和动环损坏或有毛刺、划痕等缺陷。 (4) 弹簧松弛	(1) 重新机械密封，紧固端盖螺栓。 (2) 更换 "O" 形密封圈。 (3) 更换动、静环或重新研磨。 (4) 更换弹簧	1	6	7	42	可能危险
		齿轮不排油或油量过小	(1) 旋转方向错误。 (2) 阀门关闭。 (3) 吸油管没有浸入油液中。 (4) 吸入高度太高，超过额定值。 (5) 过滤器的滤网面积太小。 (6) 吸入管道漏气。 (7) 安全阀卡死或密合不良。 (8) 液体的温度低而使黏度增大	(1) 调整旋转方向。 (2) 打开阀门。 (3) 检查吸油管，浸入油面内。 (4) 测量吸入端压力，提高吸油面。 (5) 拆换过滤器，增加滤网面积。 (6) 检查各结合处，最好采用密封材料加以密封。 (7) 打开安全阀清洗，用细研磨膏研磨加以密封。 (8) 预热液体，如不能预热则降低排出压力或减少排油量	3	6	1	18	稍有危险
		异常噪声和振动	(1) 装配不得当。 (2) 泵轴与电机轴不同心，轴弯曲。 (3) 吸油管或油滤网堵塞。 (4) 吸油管直径太大，阻力太大。 (5) 排油管阻力太大。 (6) 漏气。 (7) 紧固件松动。 (8) 齿轮与轴承座侧面严重磨损或咬死	(1) 检查调整装配过程中的错误。 (2) 重新调整泵轴与电机轴的同心度。 (3) 清除吸油管或油滤网堵塞物。 (4) 重新调整吸油管直径。 (5) 检查排油管和阀门是否堵塞。 (6) 检查漏气部位。 (7) 检查、旋紧松动部位的螺栓。 (8) 拆下更换	3	6	7	126	显著危险
		安全阀不工作（缺陷导致失效）	(1) 位置装反。 (2) 压力调得太高。 (3) 安全阀阀芯卡死	(1) 正确安装安全阀。 (2) 调低压力。 (3) 拆卸清洗安全阀阀芯，并重新调整排放压力					

续表

单元	设备设施名称	危害或故障	原因分析	处置措施	危险分析 ($D=L \cdot E \cdot C$)				危险程度
					L	E	C	D	
机泵	齿轮泵（污水泵）	电机过热（过载）	（1）排出压力调得太高。 （2）液体温度低而使黏度增大。 （3）旋转轴弯曲。 （4）排出管堵塞。 （5）齿轮与轴承座侧面严重磨损或咬死	（1）调低压力。 （2）预热液体，如不能预热则降低排出压力或减少排油量。 （3）检查矫直或更换。 （4）清除排出管的堵塞物。 （5）拆下更换	3	6	3	54	可能危险
		泵体过热	（1）油温过高。 （2）轴承间隙过小或过大。 （3）齿轮径向、轴向、齿侧间隙过大。 （4）填料过紧。 （5）出口阀开度过小造成压力过高。 （6）润滑不良	（1）冷却降低油温。 （2）调整轴承间隙。 （3）调整齿轮间隙或更换齿轮。 （4）调整填料的压紧力。 （5）开大出口阀，降低压力。 （6）更换润滑油（脂）	3	6	3	54	可能危险
	隔膜泵（加药泵）	压力升高	（1）压力调节阀调节不当。 （2）压力调节阀失灵。 （3）压力表失灵	（1）调节压力阀至所需压力。 （2）维修压力调节阀。 （3）检验或更换压力表	3	6	7	126	显著危险
		压力下降	（1）补油阀补油不足。 （2）进料不足或进料阀泄漏。 （3）柱塞密封漏油。 （4）储油箱油面太低。 （5）泵体泄漏或膜片损坏	（1）检修补油阀。 （2）检查进料情况及进料阀。 （3）检修密封部分。 （4）加注新油。 （5）检查更换密封垫或膜片	3	6	3	54	可能危险
		流量不足	（1）进、排料阀门泄漏。 （2）膜片损坏。 （3）转速太慢，调节失灵	（1）检修或更换进、排料阀门。 （2）更换膜片。 （3）检查流量控制系统，调整转速	3	6	3	54	可能危险
		密封不良漏油	（1）密封垫、密封圈损坏或松动。 （2）轴损坏	（1）检修或更换密封垫、密封圈。 （2）轴修复或更换	3	6	3	54	可能危险

表 5.4.2 转油站主要生产岗位常见操作或故障危害因素分析表

岗位	操作或故障	常见操作步骤及危害	控制消减措施
运行岗	启泵（转油泵、外输泵）	（1）未检查相关工艺流程，易造成工艺流程倒错或管道憋压的物理性爆炸。 （2）未排空气体，产生气蚀，易损坏设备。 （3）工频泵出口阀门未关闭或启动电流未回落时开出口阀门，易烧毁电机。 （4）超负荷运行会造成设备设施故障。 （5）振动过大或轴承温度过高，造成设备损坏。 （6）连续两次以上热启动，易引发电路故障	（1）倒通相关工艺流程。 （2）打开泵进出口阀门，排空泵内气体。 （3）确认泵出口阀门处于关闭状态，启动输油泵，缓慢开启出口阀。 （4）运行正常后，检查运行压力、振动、轴承温度等参数，确保在规定范围内运行。 （5）不能连续两次热启动
	停泵（转油泵、外输泵）	（1）迅速关泵出口阀门造成憋压，损坏设备、设施。 （2）停泵时没有将频率降到最低停泵，引发设备故障。 （3）未关闭进出口阀门，单流阀不严，泵反转损坏电动机。 （4）未启运热油管道，造成泵内原油凝结	（1）停泵时，要缓慢关闭泵出口阀门。 （2）若变频停泵，调节频率到最低位置，按下停止按钮。 （3）关闭泵进出口阀门。 （4）启运热油管道
	储油罐、缓冲罐、沉降罐操作	（1）液位计指示不准，高液位造成冒罐，低液位造成抽空，设备损坏。 （2）机械呼吸阀、阻火器等安全附件不完好，易造成油罐抽瘪或胀裂，造成设备故障、环境污染及引发火灾、爆炸。 （3）量油孔、透光孔密封失效，导致油气泄漏，引发油罐火灾、爆炸事故。 （4）接地装置连接不完好，产生静电引发火灾、爆炸	（1）检查液位计是否指示准确。 （2）检查机械呼吸阀、阻火器等安全附件是否畅通完好、符合要求。 （3）检查量油孔、透光孔是否完好，检查一、二次密封是否完好。 （4）检查接地装置是否连接完好
	登罐操作	（1）登罐前未释放人体静电，静电放电引发火灾。 （2）上扶梯或登罐速度过快，滑倒引发高处坠落。 （3）上罐顶未系好或固定安全带，造成高处坠落。 （4）消防器材失效或放置不当，发生火灾无法及时扑救。 （5）站在下风口，开启量油孔盖速度过快，造成油气中毒。 （6）器具放置混乱，不便取用，造成损坏。 （7）检尺槽损坏，标记不清，尺带、绳索与量油孔摩擦产生静电，引发火灾	（1）释放人体静电。 （2）扶梯登罐。 （3）固定安全带。 （4）合理放置消防器材。 （5）站在量油孔上风向，轻启量油孔盖，待油气压力正常后操作。 （6）轻拿轻放，按使用顺序摆放计量器具。 （7）查检尺槽、检尺标记是否完好、清晰
	计量岗检尺操作	（1）检尺操作时尺带脱离检尺槽，下尺、提尺速度过快，摩擦产生静电引发火灾。 （2）检尺结束后，量油孔关闭不严，泄漏油气，遇雷电引发火灾。 （3）检尺结束后，随意丢弃油棉纱、处理样油，会造成污染，引发火灾事故。 （4）检尺结束后，下罐滑倒引发高处坠落。 （5）检尺结束后，计算错误，信息传递不及时或不准，造成冒顶、混油和设备故障	（1）下尺要紧贴下尺槽下尺，将近液面时，短暂停留，再缓慢下尺，缓慢提尺，读取数据，用棉纱擦净后回收检尺。 （2）放好垫圈，关闭孔盖，拧紧螺栓。 （3）清理油污、棉纱。 （4）解开安全带，将消防器材放回原处，稳步下罐。 （5）依据测量结果，确定收（装）工艺和数量

续表

岗位	操作或故障	常见操作步骤及危害	控制消减措施
司炉岗	水套加热炉启炉	(1) 未倒通相关工艺流程，易发生不能启炉或炉管干烧变形，造成设备损坏。 (2) 未进行强制通风或通风时间不够，炉内有余气，引发火灾、爆炸事故。 (3) 关阀门时未侧身，发生物体打击事故。 (4) 检测不正常时，未根据指示做好检查与整改，擅自更改程序设置，违章点火，引发火灾、爆炸事故。 (5) 运行时未进行严格生产监控、巡检和维护，以至于不能及时发现和处理异常，引发火灾、爆炸或污染事故。 (6) 利用观火孔观火时靠近其上盖，防爆门开启造成物体打击。 (7) 相关岗位信息沟通不及时、不准确，发生设备故障	(1) 倒通相关工艺流程。 (2) 进行强制通风，检查炉内无余气后按操作规程启炉。 (3) 侧身关闭阀门，防止发生物体打击事故。 (4) 检测不正常时应查找原因并整改，不得擅自更改程序设置，违章点火。 (5) 启炉后，要定时检查加热炉运行状况，发现异常情况及时处置。 (6) 观火时避免靠近防爆门上盖。 (7) 做好上下游相关岗位信息沟通
	水套加热炉停炉	(1) 停炉后未做降温处理，直接关闭进出口阀门，造成炉管过热变形，引发火灾事故。 (2) 停炉后未及时检查管内液体流动情况或应扫线时未进行扫线操作，发生原油凝结事故	按下停炉指示按钮后，加热炉自动熄火，这时要保持炉管内原油继续流动，使炉膛温度降至环境温度。如不需要维修，可不关闭进出口阀门，以防管内原油凝固。在进行炉管检修、更换或因生产需要停用流程时，应关闭进出口阀门，注意炉管内压力变化情况。如果需要较长时间停炉或维修，要用蒸汽或天然气进行扫线处理，防止炉管内原油凝结
装、卸油岗	汽车装油作业	(1) 未按操作规程执行，造成管道憋压，发生物理性爆炸。 (2) 记录流量计读数，装油量不清，造成少装、超装或冒油。 (3) 装油速度过快，产生静电，引发火灾、爆炸。 (4) 装油速度过快，造成溢油。 (5) 泵压过高，装油鹤管甩出罐口，造成伤人、污染、火灾事故。 (6) 司机不在场，发生突发事件不能及时处理，发生火灾、爆炸。 (7) 装油结束，发油泵未停泵，造成憋压，发生物理性爆炸。 (8) 装油结束，未关鹤管球阀，造成跑油。 (9) 装油结束，鹤管余油未排净，污染环境。 (10) 装油结束，油品静止时间不够，静电放电引发火灾、爆炸。 (11) 装油结束，鹤管未复位造成油槽车拉断鹤管等设备损坏。 (12) 装油结束，未核对发油数量，造成多装或少装。 (13) 装油结束，油槽车罐盖未紧固，汽车行驶时造成油品外泄，引发火灾。 (14) 装油结束，活动踏梯、导静电夹、挡车牌未复位，造成车体与踏板损坏、拉断导静电装置等设备	(1) 要严格按照操作规程执行。 (2) 准确记录流量计读数。 (3) 控制装油速度在规定范围内。 (4) 装油达到油槽车容积2/3时，要减缓流速防止冒油。 (5) 合理控制泵压。 (6) 在装油过程中，操作工应确认油槽车驾驶员在场。 (7) 确认发油泵停泵。 (8) 关鹤管球阀。 (9) 打开鹤管排气阀，排出余油。 (10) 确认油槽车油品静止超过规定时间。 (11) 取出鹤管并复位。 (12) 核对发油数量。 (13) 紧固油槽车罐盖。 (14) 复位活动踏梯、导静电夹、挡车牌，提醒司机缓慢驶出

续表

岗位	操作或故障	常见操作步骤及危害	控制消减措施
装、卸油岗	汽车卸油作业	（1）卸油罐不及时收油，造成冒油。 （2）管道连接处、阀门等渗漏，造成跑油。 （3）卸油时流速过快，造成溢油。 （4）司机不在场，发生突发事件不能及时处理，发生火灾、爆炸。 （5）卸油结束，未通知卸油工停泵，油泵抽空损坏设备。 （6）卸油结束，未关闭油槽车卸油阀，未排净软管余油造成油品泄漏，污染环境。 （7）卸油结束，未复核卸油工艺流程造成管道憋压、跑油、损坏设备设施。 （8）卸油结束，油槽车罐盖未紧固引发火灾。 （9）卸油结束，卸油软管、导静电夹未复位造成卸油软管、导静电装置拉断	（1）制定管理制度和操作规程，卸油前量油核实容积。 （2）对管道接头、阀门法兰定期检查，发现问题维修或更换。 （3）监控油槽车、卸油罐液面。 （4）在卸油过程中，卸油工确认油槽车驾驶员在场，对卸油设备进行全面检查，发现异常停止作业。 （5）卸油结束，应通知卸油工停泵。 （6）关闭油槽车卸油阀，排空软管内余油。 （7）复核卸油工艺流程，及时停泵。 （8）盖好并紧固油槽车罐盖。 （9）复位卸油软管、导静电夹，提醒司机缓慢驶出
化验岗	化验准备	（1）未开启通风设备或未关闭通风橱，室内油气浓度超标，引发中毒及火灾、爆炸事故。 （2）化验器皿不清洁、不干燥、试剂、溶液变质，造成化验过程突沸跑油，引发化验室火灾事故	（1）开启通风设备。 （2）检查化验器皿应清洁、干燥，试剂、溶液等质量符合要求
	化验操作	（1）操作时精力不集中，操作不规范造成化验过程突沸跑油，引发实验室火灾事故。 （2）不开风机或排风扇，油气浓度过大造成中毒及火灾、爆炸事故。 （3）化验结束，如记录错误、写错报告、未通知或通知错误，造成化验结果错误	（1）按照油品分析相关规程操作，操作时精力集中，随时观测、记录化验数据。 （2）打开风机或排风扇。 （3）关闭通风设备，切断电源，清洗、干燥器具，妥善存放。做好记录，写出化验报告，通知相关作业人员

第五节　联合站生产岗位危害识别

一、联合站简介

轮一联合站主要负责油气水集中处理、原油集输、污水回注、消防系统、清水供给、污水排放的管理，负责联合站所辖设施设备的管理、运行与维护，是油、气、水、电高度集中的原油综合处理站。

（一）联合站生产岗位

联合站生产岗位设置如图 5.5.1 所示。

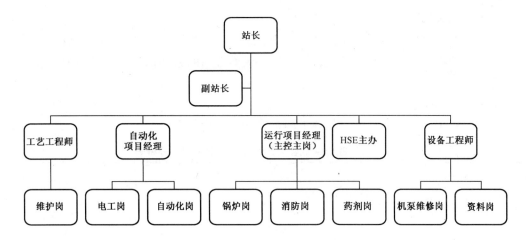

图 5.5.1 联合站生产岗位设置示意图

（二）联合站生产流程

（1）原油处理流程如图 5.5.2 所示。

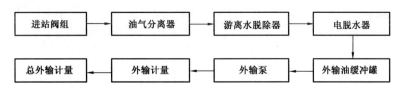

图 5.5.2 原油处理流程

（2）污水处理及注水流程如图 5.5.3 所示。

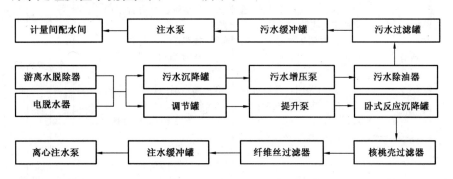

图 5.5.3 污水处理及注水流程

（3）原油稳定流程如图 5.5.4 所示。

图 5.5.4 原油稳定流程

二、生产岗位危害识别

轮一联合站主要负责轮南油田油气水集中处理、原油集输、污水回注、消防系统、清水供给、污水排放设施设备的管理、运行与维护。天然气站的原油稳定装置对塔中、哈得原油进行稳定处理。

根据前面介绍的生产流程，联合站主要设备设施的固有危害因素分析见表5.5.1。

联合站主要生产岗位常见的操作或故障危害因素分析见表5.5.2。

表5.5.1　联合站主要设备设施固有危害因素分析表

单元	设备设施名称	危害或故障	原因分析	处置措施	危险分析 ($D = L \cdot E \cdot C$)				危险程度
					L	E	C	D	
进站阀组	阀组	强度缺陷导致爆裂	（1）管道腐蚀导致壁厚减薄，应力腐蚀导致管道脆性破裂。 （2）系统异常导致管道压力骤然升高。 （3）工作状态不稳，管道剧烈振动。 （4）外力冲击或自然灾害破坏	（1）提高防腐等级，减缓管道腐蚀。 （2）加强管道维护管理（尤其对运行时间长且腐蚀严重的管道），确保系统处于良好的运行状态。 （3）定期进行管道安全检查和压力管道检验。 （4）设置自动泄压保护装置，防止液击和超压运行	3	6	7	126	显著危险
		缺陷导致泄漏	（1）防腐缺陷，导致管道腐蚀穿孔或破裂。 （2）一次仪表或连接件密封损坏。阀门、法兰及其他连接件密封失效。 （3）阀门关闭、开启过快或突然停电产生液击，导致管道损坏	（1）严格执行压力管定期检验。 （2）加强管子、管件、连接件及检测仪表的检查、维护和保养。 （3）加强巡回检查，严密监视各项工艺参数，及时发现事故隐患并及时处理	3	6	7	126	显著危险
		运动物伤害	（1）阀门质量缺陷，阀芯、阀杆、卡箍损坏飞出。 （2）带压紧固连接件突然破裂。带压紧固压力表的连接螺纹有缺陷导致压力表飞出	（1）确保投用的阀门质量（此项工作属于建设期问题）。 （2）巡检过程中严格检查压力表、阀门及其他连接件的工作情况，发现异常及时处理	3	6	7	126	显著危险

续表

单元	设备设施名称	危害或故障	原因分析	处置措施	危险分析 $(D = L \cdot E \cdot C)$				危险程度
					L	E	C	D	
加药间（一段破乳剂加药间、注水段污水加药间、站外加药间）	加药罐	密封不良导致人员中毒、窒息	罐顶密封不严	检查更换罐顶密封垫	3	6	3	54	可能危险
		强度缺陷导致罐开裂、泄漏、环境污染	筒体强度不够	定期检测，日常巡检仔细检查	3	6	3	54	可能危险
		密封不良导致泄漏	（1）人孔密封不严。排污密封不严。（2）进出口阀密封不严	（1）定期检查、紧固螺栓和更换密封垫。（2）检查更换进出口阀	3	6	3	54	可能危险
		附件缺陷导致泄漏	（1）进出口阀机械缺陷。（2）排污阀缺陷	定期检查，紧固螺栓	3	6	3	54	可能危险
		憋罐、抽瘪、环境污染	放空管堵塞	检查、维护	3	6	7	126	显著危险
		溢罐、抽空、环境污染	（1）液位计设备缺陷。（2）卡堵	（1）检查更换。（2）检查、维修或更换	3	6	3	54	可能危险
油气分离	油气分离器、天然气除油器	缺陷导致爆裂	（1）电化学腐蚀造成容器或受压元件壁厚减薄，承压能力不足。（2）应力腐蚀造成容器脆性破裂，引发容器爆裂。（3）压力、温度、液位计检测仪表失效，可导致系统发生意外事故，甚至引发容器爆裂。（4）安全阀失效，可导致压力升高，引起容器爆裂。（5）容器压力超高，岗位人员没有及时打开旁通，引发容器爆裂	（1）采用防腐层和阴极保护措施并定期检测。（2）采用防腐层或缓蚀剂并定期检测。（3）除定期检测压力表、温度计、液位计等仪表外，日常巡检过程中还应检查上述检测仪表的工作状态，发现异常及时维修或更换。（4）安全阀定期检验。为防止安全阀的阀芯和阀座黏住，应定期对安全阀做手动的排放试验。（5）岗位人员监测分离器压力情况，当压力高于设计值时，停止计量，改为越站流程	3	6	7	126	显著危险

续表

单元	设备设施名称	危害或故障	原因分析	处置措施	危险分析 ($D = L \cdot E \cdot C$)				危险程度
					L	E	C	D	
油气分离	油气分离器、天然气除油器	缺陷导致泄漏	人孔、排污孔、工艺或仪表开孔等处连接件密封失效,排污孔关闭不严,压力容器或受压元件开裂等	(1) 日常巡检重点检查人孔、排污孔、工艺或仪表开孔等处连接件密封情况,发现异常及时处理。 (2) 压力容器定期检测	3	6	7	126	显著危险
		火灾、爆炸	容器打开,空气进入容器内部形成爆炸性混合气体,遇明火或火花,造成火灾、爆炸	生产过程中,确保容器不能随意打开	3	6	15	270	高度危险
		运动物体伤害	带压紧固受压元件,连接件飞出,可造成物体打击伤害	加强检查维护,确保紧固件固定完好	3	6	7	126	显著危险
脱水	游离水脱除器	缺陷导致泄漏、环境污染	(1) 进出口阀门密封填料密封不严。 (2) 进出口法兰设备缺陷。 (3) 人孔密封不严。 (4) 放空阀:① 密封不严。② 密封填料密封不严。	(1) 检查、维修,更换密封填料。 (2) 更换。 (3) 紧固螺栓,更换密封垫。 (4) 紧固螺栓,更换密封垫。检查、维修。更换密封填料	3	6	3	54	可能危险
		附件缺陷导致超压、容器破裂	压力表失效、安全阀缺陷	定期检查和标校,及时更换	3	6	3	54	可能危险
		管道穿孔、渗漏	加热盘管腐蚀	定期进行腐蚀检测,及时更换	3	6	3	54	可能危险
		火灾	电热带温度过高	定期检查电热带,及时维修和更换	3	6	3	54	可能危险
		防护缺陷	(1) 护栏防护不当。 (2) 支撑不当	检查、整改	1	6	3	18	稍有危险
		罐体变形、开裂、泄漏、环境污染	基础下沉	检查、维修	3	6	7	126	显著危险

单元	设备设施名称	危害或故障	原因分析	处置措施	危险分析 $(D=L \cdot E \cdot C)$				危险程度
					L	E	C	D	
脱水	电脱水器	缺陷导致容器爆裂	（1）电化学腐蚀造成容器或受压元件壁厚减薄，承压能力不足。（2）应力腐蚀造成容器脆性破裂，引发容器爆裂。（3）压力、温度、液位计检测仪表失效，可导致系统发生意外事故，甚至引发容器爆裂。（4）安全阀失效，可导致压力升高引起容器爆裂	（1）采用防腐层和阴极保护措施并定期检测。（2）采用防腐层或缓蚀剂并定期检测。（3）除定期检测压力表、温度计、液位计等仪表外，日常巡检过程中还应检查上述检测仪表的工作状态，发现异常及时维修或更换。（4）安全阀定期检验。为防止安全阀的阀芯和阀座黏住，应定期对安全阀做手动的排放试验	3	6	7	126	显著危险
		密封不良导致泄漏	人孔、排污孔、工艺或仪表开孔等处连接件密封失效，排污孔关闭不严，容器或受压元件腐蚀穿孔等	（1）日常巡检重点检查人孔、排污孔、工艺或仪表开孔等处连接件密封情况，发现异常及时处理。（2）压力容器定期检测	3	6	7	126	显著危险
		火灾	（1）电脱水器高压绝缘棒渗漏、击穿，引发脱水器着火。（2）变压器漏油，可引发变压器着火，甚至爆炸	（1）检查、维修或更换高压绝缘棒。（2）检修变压器	3	6	7	126	显著危险
		电极板过热、烧毁	电脱水器液位控制失误，液位低于电极，通电时会使电极板过热而烧毁	检修或更换液位控制装置	3	6	7	126	显著危险
		爆炸	电脱水器空载送电，电极间产生火花，若内部存在油气，可引起爆炸	避免脱水器空载现象	3	6	15	270	高度危险
		电伤害	（1）电脱水器变压器等电气设备漏电，可造成人员触电。（2）人员误接近变压器或其他电气设备带电体，可引发触电伤害	工作人员接近电气设备时，保持规定的安全距离，并穿戴齐全劳动保护用品	3	6	7	126	显著危险

续表

单元	设备设施名称	危害或故障	原因分析	处置措施	L	E	C	D	危险程度
储罐[事故罐、沉降罐(热化学沉降罐)、稀油缓冲罐等]	罐体	强度缺陷导致罐破裂	罐顶强度不够	按标准验收,定期检测	0.2	6	7	8.4	稍有危险
		刚度缺陷导致罐变形、破裂	罐壁刚度不够	定期检测、试压	0.5	6	7	21	可能危险
	附件	附件缺陷导致扶梯垮塌	支撑不当	检查整改,加固支撑	0.5	6	4	12	稍有危险
		防护缺陷	上下扶梯时防护不当	规范作业	1	6	4	24	可能危险
			罐顶护栏防护不当	检查整改	1	3	7	21	可能危险
		罐抽瘪、破裂	(1)呼吸阀缺陷。(2)呼吸阀堵塞	(1)定期检验,及时更换。(2)定期检查,及时维修	1	3	7	21	可能危险
		附件缺陷导致罐体变形、开裂	安全阀失灵	(1)标校。(2)定期检查维修。(3)及时更换	1	6	7	42	可能危险
		冒罐	液位计卡堵	检查、维修	1	6	7	42	可能危险
		刺漏	液位计断裂	日常检查,及时更换	0.5	6	40	120	显著危险
		火灾、爆炸	避雷装置不合格	定期检测、维修	1	6	40	240	高度危险
			静电接地失灵	定期检测、维修	1	1	7	7	稍有危险
		管道破裂(事故罐)	加热盘管发生水击	平稳操作,对管道定期进行腐蚀检测	1	6	15	90	显著危险
	进出口阀	缺陷导致渗漏	(1)法兰密封不良。(2)阀体缺陷。(3)填料缺少	(1)检查,及时更换密封垫。(2)检查,及时更换。(3)检查,及时更换填料	1	6	40	240	高度危险
	人孔	缺陷导致泄漏	(1)螺栓缺失。(2)人孔盖密封不严	(1)检查,及时配全。(2)更换密封垫	1	3	40	120	显著危险
	基础	罐体变形、开裂、泄漏	基础下沉	检查,及时维修	1	6	7	42	可能危险

单元	设备设施名称	危害或故障	原因分析	处置措施	危险分析 ($D = L \cdot E \cdot C$)				危险程度
					L	E	C	D	
污水罐〔注水段（反冲洗水罐、回收水罐）、站外新注水站（注水罐、回收水罐）〕、污水沉降罐等	罐体	强度缺陷导致罐破裂	罐顶强度不够	按标准验收，定期检测	0.2	6	7	8.4	稍有危险
		刚度缺陷导致罐变形、破裂	罐壁刚度不够	定期检测、试压	0.5	6	7	21	可能危险
	附件	附件缺陷导致扶梯垮塌	支撑不当	检查整改，加固支撑	0.5	6	4	12	稍有危险
		防护缺陷	上下扶梯时防护不当	规范作业	1	6	4	24	可能危险
			罐顶护栏防护不当	检查整改	1	3	7	21	可能危险
		罐抽瘪、破裂	（1）呼吸阀缺陷。（2）呼吸阀堵塞	（1）定期检验，及时更换。（2）定期检查，及时维修	1	3	7	21	可能危险
		附件缺陷导致罐体变形、开裂	安全阀失灵	（1）标校。（2）定期检查、维修。（3）及时更换	1	6	7	42	可能危险
		冒罐	液位计卡堵	检查、维修	1	6	7	42	可能危险
		刺漏	液位计断裂	日常检查，及时更换	0.5	6	40	120	显著危险
	进出口阀	缺陷导致渗漏	（1）法兰密封不良。（2）阀体缺陷。（3）填料缺少	（1）检查，及时更换密封垫。（2）检查，及时更换。（3）检查，及时更换填料	1	6	40	240	高度危险
	人孔	缺陷导致泄漏	（1）螺栓缺失。（2）人孔盖密封不严	（1）检查，及时配全。（2）更换密封垫	1	3	40	120	显著危险
	基础	罐体变形、开裂、泄漏	基础下沉	检查，及时维修	1	6	7	42	可能危险
机泵	往复柱塞注水泵	噪声、振动	（1）连杆螺栓松动。（2）连杆轴瓦与轴配合间隙过大。（3）运动部分其他零件松动	（1）拧紧连杆螺栓。（2）调整或更换轴瓦。（3）调整或更换松动的零件	3	6	3	54	可能危险
		滚动轴承温度过高	（1）轴承装配间隙不良。（2）轴承内进入污物。（3）润滑不良。（4）轴承出现疲劳蚀痕等	（1）重新装配调整轴承间隙。（2）清除污物。（3）改善润滑。（4）更换轴承	3	6	3	54	可能危险

续表

单元	设备设施名称	危害或故障	原因分析	处置措施	危险分析（$D=L \cdot E \cdot C$）				危险程度
					L	E	C	D	
机泵	往复柱塞注水泵	润滑油温度过高	（1）运动部件装配不良。 （2）机件润滑不良	（1）重新装配。 （2）改善润滑	3	6	3	54	可能危险
		泵出口压力表指针摆动剧烈。泵的进、排液管振动剧烈	（1）稳压器（蓄能器）充气不足或过高，或者胶囊损坏。 （2）泵的进、排液阀泄漏。 （3）进、排液阀密封圈泄漏。 （4）泵体内存有气体。 （5）进出口管道固定不好。 （6）过滤器堵塞	（1）按规范充气或更换胶囊。 （2）更换失灵的进、排液阀。 （3）更换密封圈。 （4）进、排液管道放掉泵体内气体。 （5）加固管道。 （6）清过滤器	3	6	7	126	显著危险
		泵体密封不良导致泄漏	（1）法兰螺母松动。 （2）密封圈损坏	（1）拧紧螺母。 （2）更换密封圈	3	6	3	54	可能危险
		进、排液阀的阀腔内敲击声不均匀	（1）泵体上法兰没压紧或螺母松动。 （2）阀弹簧失灵或断裂。 （3）阀座、阀芯损坏	（1）压紧法兰或拧紧法兰螺母。 （2）调整或更换阀弹簧。 （3）调换阀座、阀芯	3	6	3	54	可能危险
		柱塞密封不良导致泄漏	（1）柱塞密封函处调节螺母松动。 （2）密封圈磨损严重。 （3）液体不净，密封函中进入污物	（1）调整调节螺母的压紧量。 （2）更换损坏的密封圈。 （3）清除泵体内及管道的污物	3	6	3	54	可能危险
		柱塞温度过高	（1）柱塞密封处调节螺母压得太紧。 （2）密封圈装配不当。 （3）与导向套的配合间隙过小或偏磨	（1）适当调整调节螺母。 （2）纠正密封圈的安装。 （3）调换或更换导向套	3	6	3	54	可能危险
		泵的动力不足	（1）配套电动机功率不足。 （2）传动皮带太松（打滑）	（1）检修或更换电动机。 （2）调整传动皮带松紧度	3	6	3	54	可能危险

续表

单元	设备设施名称	危害或故障	原因分析	处置措施	危险分析 (D=L·E·C)				危险程度
					L	E	C	D	
机泵	离心泵（增压泵、反冲洗泵、供水泵、洗盐泵、排泥泵、热水循环泵、锅炉除氧泵、注水泵、喂油泵、转油泵、喂水泵、污水泵、外输泵、掺稀泵、热媒泵、轻烃屏蔽泵、液化气屏蔽泵、事故泵、火炬泵等）	不输液或输液很少	（1）若泵压不高，则可能吸入管道或过滤器阻塞。 （2）输出管路阻力大。 （3）管道或叶轮受阻。 （4）泵及管道没有正确排气灌油。 （5）管道中有死角形成气堵。 （6）泵吸入侧真空度高。 （7）旋转方向不正确。 （8）转速低。 （9）叶轮口环与泵体口环磨损。 （10）输送液体的密度、黏度偏离基本值。 （11）泵机组调整状态不正确。 （12）电机只运行于两相状态。 （13）传输流量低于规定值	（1）清理过滤器或管道阻塞杂物。 （2）适当打开泵出口阀，使之达到工作点。 （3）清洗管道及叶轮流道。 （4）必要时装入排气阀，或者重新布管。 （5）检查高位槽（给液槽）液位，必要时进行调节。 （6）泵进口阀门全部打开。当高液位槽至泵进口阻力过大时，重新布管并检查过滤器。 （7）调整电机转向。 （8）提高转速。 （9）更换已磨损的零件。 （10）当介质偏离定购参数而发生故障时，需与厂家联系解决。 （11）按照说明重新调整。 （12）检查电缆的连接或更换保险。 （13）把传输流量调到规定值	3	6	3	54	可能危险
		泵振动	（1）管道或叶轮受阻。 （2）泵及管道没有正确排气灌油。 （3）泵扬程高于规定扬程。 （4）泵机组调整状态不正确。 （5）泵承受外力过大。 （6）联轴器不同心或间距未达规定尺寸。 （7）轴承损坏。 （8）传输流量低于规定值	（1）清洗管道或叶轮流道。 （2）必要时装入排气阀，或者重新布管。 （3）调节泵出口阀，使之达到工作点。 （4）按照说明重新调整。 （5）检查管道的连接和支撑。 （6）进行调节。 （7）更换轴承。 （8）把传输流量调到规定值	3	6	3	54	可能危险

续表

单元	设备设施名称	危害或故障	原因分析	处置措施	危险分析（$D = L \cdot E \cdot C$）				危险程度
					L	E	C	D	
机泵	离心泵（增压泵、反冲洗泵、供水泵、洗盐泵、排泥泵、热水循环泵、锅炉除氧泵、注水泵、喂油泵、转油泵、喂水泵、污水泵、外输泵、掺稀泵、热媒泵、轻烃屏蔽泵、液化气屏蔽泵、事故泵、火炬泵等）	流量、扬程低于设计值	（1）管道或叶轮受阻。 （2）泵及管道没有正确排气灌油。 （3）管道中有死角形成气堵。 （4）泵吸入侧真空度高。 （5）电机只运行于两相状态	（1）清洗管道或叶轮流道。 （2）必要时装入排气阀，或者重新布管。 （3）检查高位槽（给液槽）液位，必要时进行调节。 （4）泵进口阀门全部打开。当高液位槽至泵进口阻力过大时，重新布管并检查过滤器。 （5）检查电缆的连接或更换保险	3	6	3	54	可能危险
		油泵消耗功率过大	（1）排量超出额定排量。 （2）输送液体的密度、黏度偏离基本值。 （3）转数过高。 （4）联轴器不同心或间距未达规定尺寸。 （5）电机电压不稳定。 （6）轴承损坏。 （7）泵内有异物混入，出现卡死。 （8）泵传输量过大。 （9）填料压盖太紧，填料盒发热。 （10）泵轴窜量过大，叶轮与入口密封环发生摩擦。 （11）轴心线偏移。 （12）零件卡住	（1）调节泵出口阀，使之达到工作点。 （2）当介质偏离定购参数而发生故障时，需与厂家联系解决。 （3）降低转数。 （4）进行调节。 （5）采用稳定电压。 （6）更换轴承。 （7）清除泵内异物。 （8）关小出口阀门。 （9）调节填料压盖的松紧度。 （10）调整轴向窜量。 （11）找正轴心线。 （12）检查、处理	3	6	3	54	可能危险
		油泵发热或不转动	（1）泵及管道没有正确排气灌油。 （2）旋转方向不正确。 （3）联轴器不同心或间距未达规定尺寸。 （4）轴承损坏。 （5）泵内有异物混入，出现卡死。 （6）传输流量低于规定值	（1）必要时装入排气阀，或者重新布管。 （2）调整电机转向。 （3）进行调节。 （4）更换轴承。 （5）清除泵内异物。 （6）把传输流量调到规定值	3	6	7	126	显著危险

续表

单元	设备设施名称	危害或故障	原因分析	处置措施	危险分析（$D = L \cdot E \cdot C$）				危险程度
					L	E	C	D	
机泵	离心泵（增压泵、反冲洗泵、供水泵、洗盐泵、排泥泵、热水循环泵、锅炉除氧泵、注水泵、喂油泵、转油泵、喂水泵、污水泵、外输泵、掺稀泵、热媒泵、轻烃屏蔽泵、液化气屏蔽泵、事故泵、火炬泵等）	轴承温度升高	（1）泵承受外力过大。 （2）轴承腔体润滑油（脂）过少。 （3）联轴器不同心或间距未达规定尺寸	（1）检查管道的连接和支撑。 （2）补充润滑油（脂）。 （3）调整泵与电机同心度	3	6	3	54	可能危险
		填料密封不良导致泄漏量大	（1）填料没有装够应有的圈数。 （2）填料的装填方法不正确。 （3）使用填料的品种或规格不当。 （4）填料压盖没有紧。 （5）存在吃"填料"现象	（1）加装填料。 （2）重新装填料。 （3）更换填料，重新安装。 （4）适当拧紧压盖螺母。 （5）减小径向间隙	3	6	3	54	可能危险
		机械密封不良导致泄漏量大	（1）冷却水不足或堵塞。 （2）弹簧压力不足。 （3）密封面被划伤。 （4）密封元件材质选用不当	（1）清洗冷却水管，加大冷却水量。 （2）调整或更换。 （3）研磨密封面。 （4）更换为耐腐蚀性较好的材质	3	6	3	54	可能危险
		（1）泵内发出异常的噪声。 （2）泵发生剧烈振动。 （3）泵突然不排液。 （4）电流超过额定值持续不降	需专业维修人员处理	紧急停泵	3	6	7	126	显著危险
	螺杆泵（污油泵、底水泵、多用泵、装卸油泵、收油泵、外输泵）	泵不吸液或流量达不到	（1）进口管道漏气或有堵塞物，真空度达不到要求。 （2）进口过滤网过流面积过小或有堵塞物。 （3）安全阀内有杂物，提前开启，弹簧疲劳损坏。 （4）泵密封损坏，进口漏气。 （5）泵体孔与螺杆部分间隙过大。 （6）旋转方向不对。 （7）介质黏度过高。 （8）转动定子损坏或转动部分损坏。 （9）转速太低	（1）检查、清洗进口管道，更换密封垫片，拧紧法兰螺栓。 （2）清洗过滤网或更换过滤网。 （3）清洗安全阀内腔或更换弹簧，重新调整开启压力。 （4）更换密封件。 （5）更换螺杆或泵体。 （6）调整转向。 （7）稀释料液。 （8）检查、更换。 （9）调整转速	3	6	3	54	可能危险

续表

单元	设备设施名称	危害或故障	原因分析	处置措施	危险分析（$D = L \cdot E \cdot C$）				危险程度
					L	E	C	D	
机泵	螺杆泵（污油泵、底水泵、多用泵、装卸油泵、收油泵、外输泵）	泵产生异常噪声、冒烟、突然停机、电机过载、轴承齿轮箱温度过高	（1）轴承损坏，造成主、从动螺杆与泵体孔碰撞。泵腔进入杂物致使电机突然停机。（2）齿轮磨损严重，破坏螺杆定位间隙。（3）泵与电机安装同轴度、等高误差超标。（4）泵、电机与机座连接固定螺栓未拧紧	（1）更换轴承，清理泵腔内杂物，修复由杂物引起的各种缺陷。（2）更换齿轮，重新定位。（3）重新调整同轴度、等高误差。（4）拧紧固定螺栓	3	6	7	126	显著危险
		泵不能启动	（1）新泵定转子配合过紧。（2）电压过低。（3）介质黏度过高	（1）用工具转动几圈。（2）调压。（3）稀释料液	3	6	3	54	可能危险
		压力达不到要求	转子、定子磨损	更换转子、定子	3	6	3	54	可能危险
		电机过热	（1）电机故障。（2）泵出口压力过高，电机超载。（3）电机轴承损坏	（1）检查电机并排除故障。（2）改变出口阀门开启度，调整压力。（3）更换损坏件	3	6	7	126	显著危险
		流量压力急剧下降	（1）管路突然堵塞或泄漏。（2）定子磨损严重。（3）液体黏度突然改变。（4）电压突然下降	（1）排除堵塞或密封管路。（2）更换定子橡胶。（3）改变液体黏度或电机功率。（4）调压	3	6	7	126	显著危险
		密封不良导致大量泄漏液体	软填料磨损	压紧或更换填料	3	6	3	54	可能危险
	齿轮泵（污水加药泵）	不能排油或流量压力不足	（1）泵内间隙过大，或新泵及拆修过的齿轮表面未浇油，难以自吸。（2）泵转速过低、反转或卡阻，吸入管漏气或吸口露出液面	（1）调整间隙或维修，新泵或拆修过的齿轮表面浇油。（2）检查电路电压，检查泵的转向是否合适，检查泵进口管路是否畅通、是否有破漏，液面是否太低，根据情况进行调整，保证符合要求	3	6	3	54	可能危险

续表

单元	设备设施名称	危害或故障	原因分析	处置措施	危险分析 (D = L·E·C)				危险程度
					L	E	C	D	
机泵	齿轮泵（污水加药泵）	吸入真空度较大而不能正常吸入	（1）油温太低导致黏度太大。 （2）吸入管路阻塞，如吸入滤器脏堵或容量太小，吸入阀未开等。 （3）油温过高。 （4）排出管泄漏，安全阀弹簧太松。 （5）排出阀未开	（1）油品升温。 （2）疏通管路，清除管路阻塞物。 （3）油温太高时降温处理。 （4）出口管路密封堵漏，检查安全阀并校验。 （5）出口阀门打开	3	6	3	54	可能危险
		工作噪声大	（1）流体噪声：漏入空气或产生气穴。 （2）机械噪声：对中不良、轴承损坏或松动、安全阀跳动、齿轮啮合不良、泵轴弯曲或其他机械摩擦等	（1）放空气体，重新启动。 （2）维修、更换轴承、齿轮等，校验安全阀，校正轴	3	6	3	54	可能危险
		齿轮磨损太快	（1）油液含磨料性杂质。 （2）长期空转。 （3）泵轴变形严重。 （4）轴心线不正	（1）泵前加过滤网。 （2）防止泵无液空转。 （3）校正或更换轴。 （4）对正轴心线	3	6	3	54	可能危险
		电机过热（过载）	（1）排出压力调得太高。 （2）液体温度低而使黏度增大。 （3）旋转轴弯曲。 （4）排出管堵塞。 （5）齿轮与轴承座侧面严重磨损或咬死	（1）调低压力。 （2）预热液体，如不能预热则降低排出压力或减少排油量。 （3）检查矫直或更换。 （4）清除排出管的堵塞物。 （5）拆下修整或更换	3	6	7	126	显著危险
		泵体过热	（1）油温过高。 （2）轴承间隙过小或过大。 （3）齿轮径向、轴向、齿侧间隙过大。 （4）填料过紧。 （5）出口阀开度过小造成压力过高。 （6）润滑不良	（1）冷却降低油温。 （2）调整轴承间隙。 （3）调整齿轮间隙或更换齿轮。 （4）调整填料的压紧力。 （5）开大出口降低压力。 （6）更换润滑油（脂）	3	6	3	54	可能危险

单元	设备设施名称	危害或故障	原因分析	处置措施	危险分析 ($D = L \cdot E \cdot C$)				危险程度
					L	E	C	D	
隔膜泵	污水加药泵、破乳剂加药泵、除氧剂泵	压力升高	(1) 压力调节阀调节不当。 (2) 压力调节阀失灵。 (3) 压力表失灵	(1) 调节压力阀至所需压力。 (2) 维修压力调节阀。 (3) 检验或更换压力表	3	6	7	126	显著危险
		压力下降	(1) 补油阀补油不足。 (2) 进料不足或进料阀泄漏。 (3) 柱塞密封漏油。 (4) 储油箱油面太低。 (5) 泵体泄漏或膜片损坏	(1) 检修补油阀。 (2) 检查进料情况及进料阀。 (3) 检修密封部分。 (4) 加注新油。 (5) 检查更换密封垫或膜片	3	6	3	54	可能危险
		流量不足	(1) 进、排料阀泄漏。 (2) 膜片损坏。 (3) 转速太慢,调节失灵	(1) 检修或更换进、排料阀。 (2) 更换膜片。 (3) 检查流量控制系统,调整转速	3	6	3	54	可能危险
		密封不良漏油	(1) 密封垫、密封圈损坏或松动。 (2) 轴损坏	(1) 检修或更换密封垫、密封圈。 (2) 轴修复或更换	3	6	3	54	可能危险
加热炉	真空加热炉、热媒炉,原油稳定加热炉、热油炉	强度缺陷导致爆裂	设计、制造存在缺陷,导致承压能力不足,可引发设备承压件爆裂事故	加强管理,严格审查	3	6	7	126	显著危险
		缺陷导致泄漏	(1) 燃烧器固定不牢、燃料管道泄漏。 (2) 炉管结焦引起局部过热,管壁温度升高,严重时可导致炉管烧穿。 (3) 炉膛温度(烟气温度)控制不当、燃料含硫,可加快对流管(烟管)腐蚀穿孔,引发泄漏	(1) 固定燃烧器,检查并修复燃料管道。 (2) 及时检查处理炉管结焦。 (3) 定期检查、维修或更换	3	6	7	126	显著危险
		爆管	(1) 加热炉停炉后,炉膛温度未降至环境温度,错误关闭进出流程,易造成爆管事故。 (2) 炉管结焦可导致炉管内径变小,阻力增大,炉管压力升高,可引发炉管爆裂事故	(1) 加热炉停炉后,保证炉膛温度降至环境温度,再关闭进出流程。 (2) 加强日常检查,防止炉管结焦发生并及时处理	3	6	7	126	显著危险

续表

单元	设备设施名称	危害或故障	原因分析	处置措施	危险分析 ($D=L\cdot E\cdot C$)				危险程度
					L	E	C	D	
加热炉	真空加热炉、热媒炉，原油稳定加热炉、热油炉	炉管烧穿、破裂	意外停电、停泵或物料系统发生故障，炉管内物料停止流动或流速过慢，可引发炉管烧穿、破裂。炉管腐蚀、磨蚀及压力过高等可造成炉管破裂	意外停电、停泵或物料系统发生故障，应启动应急预案进行事故状态下应急处理	3	6	7	126	显著危险
		炉膛爆炸	（1）设备点火前，燃料或炉管内的可燃物料泄漏进入炉膛，与空气形成爆炸混合物，在点火时发生爆炸。 （2）火焰突然熄灭，燃料继续供应进入炉膛，燃料蒸发并与空气混合形成爆炸混合物，炉膛高温引发爆炸	（1）设备点火前彻底置换。 （2）确保熄火保护完好	3	6	15	270	高度危险
		烟道发生爆炸	燃料不能完全燃烧，烟气中含有可燃气体，若炉体不严密致使空气进入烟道，可燃气体与空气形成爆炸混合物，可在烟道内发生爆炸	加强日常检查，确保炉体密封性良好	3	6	7	126	显著危险
		高温物质灼烫	（1）设备高温部件裸露，高温热媒、物料泄漏或紧急泄放。 （2）设备点火、燃烧器参数调整，个体防护缺失或有缺陷，若炉膛回火，易造成灼烫伤害。 （3）水套炉严重缺水，不采取停火凉炉措施突然加水，导致进炉水剧烈汽化，蒸汽通过加水口喷出	（1）设备高温部件裸露的部位如果危及操作人员，应加保温材料防护。 （2）加强个体防护，避免造成灼烫伤害。 （3）严格监控水套炉水位，一旦缺水应及时停火凉炉	3	6	7	126	显著危险
换热器	稀油换热器、原油换热器，原油稳定脱盐换热器	外输原油含水	（1）温度过高，减弱破乳剂脱水效果。 （2）换热器导热油进口电动阀失灵	（1）日常巡检发现温度过高时，及时调节温度，使其低于80℃。 （2）及时打开换热器导热油进口旁通，手动调整导热油进出口阀	3	6	3	54	可能危险

续表

单元	设备设施名称	危害或故障	原因分析	处置措施	危险分析 $(D = L \cdot E \cdot C)$				危险程度
					L	E	C	D	
换热器	稀油换热器、原油换热器，原油稳定脱盐换热器	外输泵组件损坏	温度过高，损伤泵密封件	日常巡检中发现温度过高时，及时调节温度，低于80℃	3	6	7	126	显著危险
		凝管	换热器导热油进口电动阀失灵	及时打开换热器导热油进口旁通，手动调整导热油进出口阀	3	6	7	126	显著危险
低温设备	低温分离器	冻堵	若工作介质中残留水分，易造成设备、管道冻堵，甚至胀裂设备而引发泄漏	采取有效措施，防止冻堵发生	3	6	7	126	显著危险
		冷脆	设备材料（包括焊接材料）低温性能不足，冲击韧性降低，会发生冷脆现象，造成设备结构破坏	重新检测、试验，必要时更新设备	1	6	15	90	显著危险
		低温物质冻伤	低温介质泄漏或低温设备、部件裸露，人体接触可造成冻伤	人员接近低温设备或低温部位，应按操作规程操作，防止冻伤发生	3	6	3	54	可能危险
		缺陷（耐腐蚀性差）	低温设备保冷结构有缺陷或防潮层不严密，空气进入保冷层，所含水分在保冷层内凝结成水，将加速设备的腐蚀	检查、修复保冷结构	3	6	3	54	可能危险
		爆裂	温度过低可造成安全阀冻堵，影响正常泄放，可造成低温设备爆裂	确保安全阀的工作温度在规定范围内	3	6	7	126	显著危险
		密封不良导致泄漏	低温设备投产时冷紧固工作不认真，冷收缩造成密封面出现间隙，可引发低温介质泄漏	重新研磨或更换密封件	3	6	3	54	可能危险

续表

单元	设备设施名称	危害或故障	原因分析	处置措施	危险分析 ($D = L \cdot E \cdot C$)				危险程度
					L	E	C	D	
往复式压缩机组	原油稳定增压机组、气举压缩机组、增压机组、外输气压缩机组	润滑油油压突然降低	(1) 曲轴箱内润滑油不够。 (2) 油泵管路堵塞或破裂。 (3) 油压表失灵。 (4) 油泵本身或其传动机构有故障	(1) 加润滑油。 (2) 检修。 (3) 更换油压表。 (4) 停机修理	3	6	3	54	可能危险
		润滑油油温过高	(1) 润滑油太脏。 (2) 润滑油储量不足。 (3) 润滑油中含水过多而破坏油膜。 (4) 运动机构发生故障或摩擦面拉毛，轴瓦配合过紧等。 (5) 冷却水量不足或油冷却器堵塞。 (6) 油箱加热器失灵	(1) 应清洗机身，更换润滑油。 (2) 应增添润滑油。 (3) 更换润滑油。 (4) 应停机检修。 (5) 调节水量或清洗冷却器。 (6) 检修油箱加热器	3	6	3	54	可能危险
		汽缸发热	(1) 冷却水中断或不足。 (2) 吸、排气阀积炭过多。 (3) 汽缸落入杂物。 (4) 活塞组件接头或螺母松动。 (5) 气阀松动。 (6) 气体带液	(1) 检查并增加供水。 (2) 应停机检修。 (3) 应停机检修。 (4) 应停机检修。 (5) 应停机检修。 (6) 加强切液	3	6	3	54	可能危险
		压缩机吸、排气阀产生敲击噪声	(1) 阀片不严或破损。 (2) 弹簧松软。 (3) 阀座故障。 (4) 进气不清洁甚至夹带金属杂物，影响阀片不正常启闭或使其密封面漏气	(1) 停机检修或更换。 (2) 停机检修或更换。 (3) 停机检修。 (4) 停机检查、清扫	3	6	7	126	显著危险
		压缩机带液	压缩机入口分液罐液面超高或满罐，排液不及时造成液位高	检查气液分离罐液面，尽快将液面降至正常位置	3	6	7	126	显著危险
		排气量不足	(1) 吸、排气阀故障。 (2) 活塞环导向环磨损。 (3) 入口阀门故障。 (4) 填料严重漏气	(1) 停机检修。 (2) 停机检修。 (3) 停机检修。 (4) 停机检查、更换	3	6	7	126	显著危险
		排气压力过高	排气阀、逆止阀阻力大，工艺上提压操作	应检查排气阀、逆止阀	3	6	7	126	显著危险
		排气温度过高	(1) 进气温度高。 (2) 排气阀失效，高温气体倒流。 (3) 进气压力低，压缩比大	(1) 调整工艺操作。 (2) 停机检查处理。 (3) 调整系统操作	3	6	7	126	显著危险

续表

单元	设备设施名称	危害或故障	原因分析	处置措施	危险分析 $(D=L \cdot E \cdot C)$				危险程度
					L	E	C	D	
螺杆压缩机	空压机、火炬回收压缩机	密封不良导致泄漏	缸体结合面、吸排气口法兰、轴密封装置或轴承盖等处密封有缺陷或失效，可导致放空气泄漏（火炬回收压缩机）	检查密封装置，如有问题及时修复或更换	3	6	7	126	显著危险
		润滑油温度过高	油泵损坏、润滑油管道堵塞或泄漏等，润滑油分离不充分或润滑油不符合要求，转子摩擦加剧，造成设备内温度超高，可导致某些润滑油分解甚至引起火灾	检查油泵、润滑油管道，如发生泵损坏或润滑油管道堵塞，疏通管道，修复或更换油泵	3	6	7	126	显著危险
		爆裂	(1) 压缩机出口被人为误关或堵塞，造成憋压，导致设备爆裂。 (2) 能量调节装置失灵，安全阀堵塞、损坏或定压值过高，导致超压爆裂。 (3) 压缩机受压部件机械强度不足或腐蚀造成强度下降，或受外力冲击，在正常的操作压力下引起设备爆裂	(1) 检查压缩机出口状况及操作程序，确保无堵塞，规范操作。 (2) 检查并修复能量调节装置和堵塞的安全阀，避免超压发生。 (3) 检查并更换机械强度不够或已腐蚀的部件	3	6	7	126	显著危险
塔设备	原油稳定塔、轻烃稳定塔、脱乙烷塔、脱丙烷塔、脱丁烷塔等	设备爆裂	(1) 设计、制造缺陷造成承压能力或抗风能力不足，或受到外力冲击，导致筒体变形，甚至引发设备爆裂。 (2) 焊接材料或焊接工艺不能满足规范要求，造成脆性破坏，引发设备爆裂。 (3) 腐蚀造成塔体或受压元件壁厚减薄，承压能力不足。 (4) 压力、温度、液位计监测仪表失效，可导致系统发生意外事故，甚至引发设备爆裂。 (5) 安全阀失效，压力升高可引起设备爆裂	(1) 选好设计、制造单位，确保设备制造质量。 (2) 优选材料及焊接工艺。 (3) 设备材料具有良好的抗化学腐蚀能力或采取必要的工艺措施减小腐蚀。 (4) 日常巡检确保压力、温度、液位等检测仪器好用。 (5) 安全阀除定期检验外，还需加强日常检查，确保其完好	3	6	7	126	显著危险

续表

单元	设备设施名称	危害或故障	原因分析	处置措施	危险分析（$D=L \cdot E \cdot C$）				危险程度
					L	E	C	D	
塔设备	原油稳定塔、轻烃稳定塔、脱乙烷塔、脱丙烷塔、脱丁烷塔等	泄漏	人孔、排污孔、工艺及仪表开孔等连接件密封失效，筒体腐蚀穿孔等造成塔体泄漏	定期检测，发现腐蚀及密封失效应及时修复或更换	3	6	7	126	显著危险
		设备倾斜、倒塌	裙座机械强度不够，承载能力不足。地脚螺栓强度不足或松动。基础设计或施工存在缺陷。地震、强风等外力作用等可引起塔设备倾斜、倒塌	加强设计、施工规范管理。遇到不可抗拒的自然力破坏时，启动应急救援预案	3	6	15	270	高度危险
		着火、爆炸	防雷防静电设施失效，如接地电阻值超标、接地体或引下线损坏或截面面积不足、断接卡子接触不良或搭接面积不够等，将可能导致雷击破坏、静电聚集，引发着火或爆炸	定期进行防雷防静电检测，确保接地设施良好	3	6	7	126	显著危险
		防护缺陷	劳动保护设施缺失或有缺陷，可引发高处坠落等伤害	做好劳动保护，防止高处坠落	3	6	7	126	显著危险
		筒壁撕裂	塔群联合平台设计、安装有缺陷，受温度变化和风力、地震等外力的影响，可导致平台结构破坏甚至筒壁撕裂	设计时充分考虑联合平台之间力的相互影响，确保结构合理、坚固耐用	3	6	7	126	显著危险

表5.5.2 联合站主要生产岗位常见操作或故障危害因素分析表

岗位	操作或故障	常见操作步骤及危害	控制消减措施
输油岗	启泵（喂油泵、注油泵、转油泵、外输泵等）	（1）未检查相关工艺流程，易造成工艺流程倒错或管道憋压的物理性爆炸。 （2）未排空气体，产生气蚀，易损坏设备。 （3）工频泵出口阀门未关闭或启动电流未回落时开出口阀门，易烧毁电机。 （4）超负荷运行会造成设备设施损坏。 （5）振动过大或轴承温度过高，造成设备损坏。 （6）连续两次以上热启动，易引发电路故障	（1）倒通相关工艺流程。 （2）打开泵进出口阀门，排空泵内气体。 （3）确认泵出口阀门处于关闭状态，启动输油泵，缓慢开启出口阀。 （4）运行正常后，检查运行压力、振动、轴承温度等参数，确保在规定范围内运行。 （5）不能连续两次热启动

岗位	操作或故障	常见操作步骤及危害	控制消减措施
输油岗	停泵 （喂油泵、注油泵、转油泵、外输泵等）	（1）迅速关闭泵出口阀门会造成憋压，损坏设备、设施。 （2）未将频率降到最低，造成设备损坏。 （3）未关闭进出口阀门，单流阀不严，泵反转损坏电动机。 （4）未启运热油管道，造成泵内原油凝结	（1）停泵时，要缓慢关闭泵出口阀门。 （2）若变频停泵，调节频率到最低位置，按下停止按钮。 （3）关闭泵进出口阀门。 （4）启运热油管道
	储油罐、缓冲罐、沉降罐操作	（1）液位计指示不准，高液位造成冒罐，低液位造成抽空，损坏设备。 （2）机械呼吸阀、阻火器等安全附件不完好，易造成油罐抽瘪或胀裂，发生设备事故、环境污染及引发火灾、爆炸。 （3）量油孔、透光孔不密封，导致油气泄漏，引发油罐火灾、爆炸事故。 （4）接地装置连接不完好，产生静电引发火灾、爆炸	（1）检查液位计是否指示准确。 （2）检查机械呼吸阀、阻火器等安全附件是否畅通完好、符合要求。 （3）检查量油孔、透光孔是否完好，检查一、二次密封是否完好。 （4）检查接地装置是否连接完好
	登罐操作	（1）登罐前未释放人体静电，静电放电引发火灾。 （2）上扶梯或登罐速度过快，滑倒引发高处坠落。 （3）上罐顶未系好或固定安全带，造成高处坠落。 （4）消防器材失效或放置不当，发生火情无法及时扑救。 （5）站在下风口，开启量油孔盖速度过快，造成油气中毒。 （6）器具放置混乱，不便取用，造成损坏。 （7）检尺槽损坏、标记不清，尺带、绳索与量油孔摩擦产生静电，引发火灾	（1）释放人体静电。 （2）扶梯登罐。 （3）固定安全带。 （4）合理放置消防器材。 （5）站在量油孔上风向，轻启量油孔盖，待油气压力正常后操作。 （6）轻拿轻放，按使用顺序摆放计量器具。 （7）检查检尺槽、检尺标记是否完好、清晰
	检尺操作	（1）检尺操作时尺带脱离检尺槽，下尺、提尺速度过快，摩擦产生静电引发火灾。 （2）检尺结束后，量油孔关闭不严，泄漏油气，遇雷电引发火灾。 （3）检尺结束后，随意丢弃油棉纱、处理样油，会造成污染，引发火灾事故。 （4）检尺结束后，下罐滑倒引发高处坠落。 （5）检尺结束后，计算错误，信息传递不及时或不准，造成冒顶、混油和设备事故	（1）下尺要紧贴下尺槽下尺，将近液面时，短暂停留，再缓慢下尺，缓慢提尺，读取数据，用棉纱擦净后回收检尺。 （2）放好垫圈，关闭孔盖，拧紧螺栓。 （3）清理油污、棉纱。 （4）解开安全带，将消防器材放回原处，稳步下罐。 （5）依据测量结果，确定收（发）油工艺

续表

岗位	操作或故障	常见操作步骤及危害	控制消减措施
维护岗	更换阀门	(1) 流程倒错造成憋压，易造成油气泄漏、物体打击事故。 (2) 在切断压源过程中，余压伤人造成物体打击事故。 (3) 拆卸旧阀门时发生碰伤、砸伤等其他伤害事故。 (4) 清理法兰时高温液体刺漏造成灼烫伤害事故。 (5) 倒回流程试压时，一旦造成憋压，易发生物体打击事故	(1) 遵循先关上流阀再关下流阀的原则。 (2) 管道放空时注意不能人体正对放空口。 (3) 安全操作，借助机械操作。 (4) 先控尽法兰处的液体。 (5) 遵循先开下流阀再开上流阀的原则
	计量分离器更换玻璃管	(1) 未关闭玻璃管上、下流控制阀门或阀门开关顺序有误，使玻璃管憋爆，易造成物体打击事故。 (2) 割玻璃管时，碎片及锋利部位易造成割伤等其他人身伤害事故	(1) 按顺序关闭玻璃管控制阀门。 (2) 割玻璃管时，应轻拿轻放，用力均匀、平稳
	冲洗计量分离器	(1) 未关闭玻璃管上、下流控制阀门，憋爆玻璃管，易造成物体打击事故。 (2) 关闭阀门未侧身，速度过快，易造成物体打击事故	(1) 冲洗计量分离器时，应先按顺序关闭玻璃管控制阀门。 (2) 侧身、平稳开关阀门。 (3) 冲洗压力应低于安全阀开启压力
	闸板阀添加密封填料及更换法兰垫片	(1) 倒流程时未泄压，易造成物体打击事故。 (2) 螺栓未上满、上全，易造成油气泄漏 (3) 工作结束试压时，未侧身关闭放空阀门造成物体打击	(1) 确定泄压后再操作。 (2) 螺栓应上满、上全。 (3) 工作结束试压时，侧身关闭放空阀门
	维修电工操作	(1) 未取得操作资格证书上岗操作，易发生触电事故。 (2) 未正确使用检验合格的绝缘工具、用具，未正确穿戴经检验合格的劳动防护用品，易发生触电事故。 (3) 使用未经检验合格的绝缘工具、用具，穿戴未经检验合格的劳动防护用品，易发生触电事故。 (4) 装设临时用电设施未办理作业票，未按作业票落实相关措施，易发生触电事故。 (5) 维护保养作业时，未设专人监护，未悬挂警示牌，易发生触电事故。 (6) 电气设备发生火灾时，不会正确使用消防器材，易导致事故扩大	(1) 电工经培训合格，取得有效操作资格证书，方可上岗。 (2) 正确使用检验合格的绝缘工具、用具，正确穿戴经检验合格的劳动防护用品。 (3) 禁止使用未经检验合格的绝缘工具、用具，禁止穿戴未经检验合格的劳动防护用品。 (4) 装设临时用电设施必须办理作业票，落实相关措施。 (5) 维护保养作业时，设专人监护，悬挂警示牌。 (6) 会正确使用消防器材

续表

岗位	操作或故障	常见操作步骤及危害	控制消减措施
电脱岗（电脱水器常见故障）	变压器故障	(1) 控制柜上显示电压正常而脱水电流接近零，脱水后净化油含水超高，脱水器内电极接线及绝缘棒正常时，可能是变压器"开路"。 (2) 当电压送不上，且尚未达到额定电压时，控制柜就自动跳闸，而脱水器内电极接线及绝缘棒均正常时，也可判定是变压器故障	打开变压器，检查接线是否正确，如无法修复，应及时大修或更换变压器
	硅板损坏	(1) 硅板击穿：脱水器送不上电，建立不起脱水器电场。经试验抛开硅整流后，单独送电变压器显示正常，抛开脱水器，空载也送不上电，这种情况可能是硅板击穿。 (2) 硅板损坏：控制柜电压正常，但没有电流显示，而脱水器内电极接线正常，这种情况可能是硅板烧坏	拆开硅整流器，更换损坏的硅板
	绝缘棒击穿	脱水器控制柜电流突然升高，电压下降接近零，严重时脱水器送不上电，而空载送电时一切正常，这种情况可以判定为绝缘棒被击穿	停止脱水器运行，更换损坏的绝缘棒
	设备不稳流	(1) 反馈回流元件有损坏或接触不良。 (2) 主可控硅不可控。 (3) 控制线路上元件工作点漂移	(1) 更换损坏元件或处理（焊接）接触不良点。 (2) 调整主可控硅触头或更换可控硅。 (3) 更换控制线路上的漂移元件或调整元件工作点
	设备不截止	(1) 精密多圈电位器旋转位置不对。 (2) 主可控硅不可控。 (3) 截止支路元件质量不好或有虚焊现象。 (4) 小可控硅被击穿	(1) 调整电位器旋转位置。 (2) 调整主可控硅触头或更换可控硅。 (3) 更换支路质量不好的元件，焊接虚焊点。 (4) 更换小可控硅
注水岗	注水泵启运	(1) 未检查相关工艺流程，易造成工艺流程倒错或管道憋压。 (2) 未排空气体，产生气蚀，易损坏设备。 (3) 出口阀门未关闭或启动电流未回落时开出口阀门，易烧毁电机。 (4) 超负荷运行会造成设备设施事故。 (5) 振动过大或轴承温度过高，引发设备故障	(1) 倒通相关工艺流程。 (2) 打开泵进出口阀门，排空泵内气体。 (3) 确认泵出口阀门处于关闭状态，启泵，缓慢开启出口阀门。 (4) 运行正常后，检查运行压力、振动、轴承温度等参数，确保在规定范围内运行
	注水泵停运	(1) 迅速关闭泵出口阀门会造成憋压，损坏设备设施。 (2) 未将频率降到最低，引发设备故障。 (3) 未关闭进出口阀门，单流阀不严，泵反转损坏电动机	(1) 停泵时，要缓慢关闭泵出口阀门。 (2) 若变频停泵，调节频率到最低位置，按下停止按钮。 (3) 关闭泵进出口阀门

续表

岗位	操作或故障	常见操作步骤及危害	控制消减措施
污水处理岗	过滤器启运	(1) 打开阀门时未侧身引发物体打击等人身伤害。 (2) 阀门开启顺序不当导致设备憋压，引发设备故障。 (3) 启泵时未按照规程执行，烧毁电动机或引发电气火灾	(1) 打开阀门时应侧身，规范操作。 (2) 按操作规程规范操作
	过滤器反冲洗	(1) 打开阀门时未侧身引发物体打击等人身伤害。 (2) 阀门开启顺序不当导致设备憋压，引发设备故障。 (3) 启泵时未按规程执行，烧毁电动机或引发电气火灾。 (4) 反冲洗强度控制不好，造成处理水质不合格	(1) 打开阀门时应侧身，规范操作。 (2) 按操作规程规范操作。 (3) 首先进行收油操作，停止收油后，按反冲洗操作规程启动反冲洗泵，进行反冲洗操作。反冲洗后要确认水质处理合格后，执行正常进出流程，否则继续进行反冲洗操作
	过滤器停运	(1) 打开阀门时未侧身，引发物体打击事故。 (2) 设备检修未及时通风，人员进入，易引发中毒	(1) 打开阀门时应侧身，规范操作。 (2) 首先进行排油操作。油排净后，对过滤器进行排污，待过滤罐排空后，关闭过滤罐排污阀。若进行维修，打开人孔进行通风
原油稳定岗	热媒炉启炉	(1) 相应工艺流程未全部倒通，管道憋压，造成设备损毁事故。 (2) 燃料油（气）吹扫不彻底，炉膛有余气，点火时发生化学性爆炸事故。 (3) 热媒油蒸发水分时温度上升过快，发生爆喷，造成灼烫等人身伤害。 (4) 系统温度上升过快，工艺管道变形，引发设备事故。 (5) 未及时热紧，连接部位渗漏，高温液体外泄，发生灼烫伤害。 (6) 未及时填补热媒油，造成系统抽空，引发设备事故。 (7) 未及时处理异常状况，造成设备损坏或火灾、爆炸事故	(1) 首先要启动原油循环系统，使原油在换热设备中稳定运行。倒通热媒油循环流程。打开燃料油（气）阀门，压力控制在规定范围内。打开仪表电源，仪表控制柜电源指示正常后，启动热媒泵，使热媒油在系统中循环，同时注意热媒油液位。 (2) 启炉前检查炉膛，确认吹扫干净。 (3) 以规定升温速度进行升温，在升温过程中要注意脱净水和轻组分。 (4) 在升温时要对系统进行全面检查。 (5) 对所有螺母连接部位热紧一次。 (6) 及时填补热媒油。 (7) 运行正常后要注意检查热媒油炉及其附件，有异常情况及时处理
	热媒炉停炉	(1) 温度下降过快或通风过急，炉管变形，造成设备事故。 (2) 燃料气阀门未关或不严，漏气引发火灾、爆炸事故	(1) 以规定的速度缓慢降低热媒油温度，待热媒油温度降至规定温度时，按下停炉按钮。继续保持热媒油在系统中循环，待炉膛温度降至规定温度时，停热媒泵，打开烟道挡板以及门孔，散热通风降温。 (2) 停炉状态下，必须将燃料气管道的手动阀门关闭。做好停炉记录

续表

岗位	操作或故障	常见操作步骤及危害	控制消减措施
计量岗	登罐操作	(1) 登罐前未释放人体静电，静电放电引发火灾。 (2) 上扶梯或登罐速度过快，滑倒引发高处坠落。 (3) 在罐顶未系好或固定安全带，造成高处坠落。 (4) 消防器材失效或放置不当，测量时发生火情无法及时扑救。 (5) 计量时站在下风口，开启量油孔盖速度过快，造成油气中毒。 (6) 器具放置混乱，不便取用，造成损坏。 (7) 检尺槽损坏、标记不清，尺带、绳索与量油孔摩擦产生静电，引发火灾	(1) 释放人体静电。 (2) 扶梯登罐。 (3) 固定安全带。 (4) 合理放置消防器材。 (5) 站在量油孔上风向，轻启量油孔盖，待油气压力正常后操作。 (6) 轻拿轻放，按使用顺序摆放计量器具。 (7) 检查检尺槽、检尺标记是否完好、清晰
	测量液位	尺带脱离检尺槽，下尺、提尺速度过快，摩擦产生静电引发火灾	下尺要紧贴下尺槽下尺，将近液面时，短暂停留，再缓慢下尺，缓慢提尺，读取数据，用棉纱擦净后回收检尺
	测量油温	(1) 绳索脱离检尺槽，下尺、提尺速度过快，摩擦产生静电，引发火灾。 (2) 油品洒落在量油孔外，造成滑湿和污染。 (3) 保温盒内油品倒回罐内时喷溅，产生静电，引发火灾	(1) 将温度计轻轻放入保温盒内，拧紧螺栓。将保温盒轻轻放入量油孔，然后使绳索紧贴检尺槽（检尺标记处）下放至确定位置（下放速度不大于1m/s），停留5min后，紧贴检尺槽（检尺标记处）提起保温盒（速度不大于0.5m/s），垂直量油孔读取数据。 (2) 测量后清理工作现场。 (3) 将保温盒内油品倒入污油桶
	测量视密度	(1) 绳索脱离检尺槽，下尺、提尺速度过快，摩擦产生静电引发火灾。 (2) 油品洒落在量油孔外，造成滑湿和污染。 (3) 操作计量器具不当，造成割伤等其他伤害	(1) 盖好采样桶塞，使绳索紧贴检尺槽（检尺标记处）下放至确定位置（下放速度不大于1m/s），停留3~5s，紧贴检尺槽（检尺标记处）提采样桶（速度不大于0.5m/s）。 (2) 测量后清理工作现场。 (3) 平稳操作
	测量视温度	(1) 搅拌不当，造成温度计或量筒破损割伤等其他伤害。 (2) 油样倒回罐内时喷溅，产生静电，引发火灾	(1) 用温度计轻轻搅拌油样，不得接触筒壁及底部，读取温度数据。 (2) 将油样倒入污油桶
	计量结束	(1) 量油孔关闭不严，油气泄漏，遇雷电引发火灾。 (2) 随意丢弃油棉纱、处理油样，造成污染，引发火灾事故。 (3) 下罐滑倒引发高处坠落。 (4) 计算错误，信息传递不及时或不准确，造成冒顶、混油和设备事故	(1) 放好垫圈，关闭量油孔，拧紧螺栓。擦拭器具，装入箱内。 (2) 清理油污、棉纱。 (3) 解开安全带，将消防器材放回原处，稳步下罐。将污油桶内油品存放到指定容器内。 (4) 依据测量结果确定收（装）工艺和数量，并及时、准确地传递给有关作业人员

续表

岗位	操作或故障	常见操作步骤及危害	控制消减措施
司炉岗	真空加热炉启炉	(1) 未进行强制通风或通风时间不够，炉内有余气，引发火灾、爆炸事故。 (2) 开关阀门时未侧身，引发物体打击事故。 (3) 检测不正常时，擅自更改程序设置，违章点火，引发火灾、爆炸事故。 (4) 运行时未进行严格生产监控、巡检和维护，以至于不能及时发现和处理异常，引发火灾、爆炸或污染事故。 (5) 相关岗位信息沟通不及时、不准确，发生设备事故。 (6) 未进行有效排气，达不到真空度，进液介质温度达不到生产要求。 (7) 巡检过程中人体正对防爆门，一旦防爆门开启造成物体打击事故	(1) 进行强制通风，检查炉内无余气后按启动按钮。 (2) 侧身关闭阀门，防止发生物体打击事故。 (3) 检测不正常时，应根据操作规程做好检查与整改。 (4) 启运后，要及时检查加热炉运行状况。 (5) 做好上下游相关岗位信息沟通。 (6) 待锅筒温度达到90℃后，打开上部排气阀，排气5~10min关闭排气阀，加热炉进行正常生产操作。 (7) 巡检过程要避免正对防爆门
	真空加热炉停炉	(1) 停炉后进出口温度或锅筒温度过低，造成炉内盘管原油凝结冻堵事故。 (2) 停炉后直接关闭进出口阀门，造成炉腔内温度过高，锅筒内超压，发生物理性爆炸	(1) 按停炉操作规程停炉，继续保持介质流动。 (2) 若冬季长时间停炉，必须放空炉水或定期启炉，确保炉水温度符合规定值
化验岗	化验准备	(1) 未开启通风设备或未关闭通风橱，室内油气浓度超标，引发中毒及火灾、爆炸事故。 (2) 化验器皿不清洁、不干燥，试剂、溶液变质，造成化验过程突沸跑油，引发化验室火灾事故	(1) 开启通风设备。 (2) 检查化验器皿应清洁、干燥，试剂、溶液等质量符合要求
	化验操作	(1) 操作时精力不集中，操作不规范造成化验过程突沸跑油，引发实验室火灾事故。 (2) 不开通风设备，油气浓度过高造成中毒及火灾、爆炸事故。 (3) 化验结束，如记录错误、写错报告、未通知或通知错误，造成化验结果错误	(1) 按照油品分析相关规程操作，操作时精力集中，随时观测、记录化验数据。 (2) 打开通风设备。 (3) 关闭通风设备，切断电源，清洗、干燥器具，妥善存放。做好记录，写出化验报告，通知相关作业人员
消防岗	检查准备	(1) 未检查电压表读数，电压过高、过低或缺相，易造成配电系统故障，严重的会烧毁电动机。 (2) 电动机接地松动、断裂，引发触电事故。 (3) 联轴器连接不紧固、不同心，紧固件松动，易引发设备事故。 (4) 缺润滑油或油质不合格，长期运行轴承温度高于限值，引发设备事故。 (5) 不盘车启泵，易烧毁电机。 (6) 联轴器护罩缺失易引发机械伤害事故	(1) 检查电压是否正常且在规定范围内，检查系统是否处于正常供电状态。 (2) 检查电动机接地是否良好。 (3) 检查联轴器连接是否紧固、同心，检查各紧固件是否牢固。 (4) 检查油质、油位是否合格。 (5) 检查盘车转动是否灵活、无卡阻。 (6) 联轴器加护罩并完好牢固。

续表

岗位	操作或故障	常见操作步骤及危害	控制消减措施
消防岗	检查准备	(7) 阀门开关不灵活或开关时未侧身，易引发物体打击事故。 (8) 消防管道渗漏，阀门漏水，水压达不到射程要求。 (9) 消防栓开关不灵活，贻误灭火时机。 (10) 消防水罐出口阀门常闭，在灭火时打不开阀门，贻误灭火时机。 (11) 泵出口阀门常开，启泵时造成启动负荷较大，容易烧毁电动机等设备。 (12) 泡沫比例混合器手柄指针不在标定的数值内，出泡沫液达不到混合比例，起不到灭火作用。泡沫液储量不足，无法继续灭火	(7) 检查阀门并侧身操作。 (8) 检查管路密封是否完好。 (9) 检查消防栓开关是否灵活。 (10) 检查是否保持消防水罐水位高度及出口阀门常开。 (11) 检查泵出口阀门是否处于常闭状态。 (12) 检查泡沫罐内泡沫液是否保持饱和有效状态
	出水作业	(1) 启动泵机组后，未打开内循环阀门，在消防栓未打开的情况下，造成管道憋压刺漏。 (2) 与现场指挥人员联系不畅，操作压力不稳，影响灭火	(1) 启动消防泵机组，打开内循环阀门，开启泵出水阀门，迅速调整内循环阀门，调整压力达到规定值。 (2) 与现场指挥人员保持通信畅通，随时调整压力
	出水结束	作业完毕后，阀门没有恢复启动前的状态，影响下次灭火操作	出水结束，停泵，关闭出水阀门
	出泡沫作业	(1) 启动泡沫泵机组后，未打开内循环阀门，在泡沫罐进出口阀门、消防栓未打开的情况下，造成泡沫罐、管道憋压刺漏。 (2) 泡沫比例混合器手柄指针不在标定数值内，起不到灭火作用。 (3) 未及时关闭内循环阀门，并且未及时调整压力，达不到泡沫射程要求	(1) 启动泡沫泵机组，打开内循环阀门，开启泡沫罐出口阀门。 (2) 确认泡沫比例混合器手柄指针在标定数值内。 (3) 开启泡沫罐出口阀门，迅速关闭内循环阀门，使压力达到规定值。与现场指挥人员保持通信畅通，随时调整压力
	出泡沫结束	(1) 管道出泡沫液后未清洗管道，造成腐蚀、堵塞。 (2) 作业完毕后，阀门没有恢复启动前的状态，影响下次灭火操作	(1) 关闭泡沫罐进水、出液阀。清洗泡沫管道。 (2) 停泵作业完毕，阀门恢复启动前的状态，清理现场

第六章　天然气生产岗位危害识别

第一节　天然气生产运行管理模式

以塔里木油田分公司为例。塔里木油田执行四级生产管理模式：塔里木油田—事业部—作业区—站队。

各作业区根据本区块开采、处理的特点，设立了相应功能的室、站、队的管理模式。

以英买作业区为例，下设四个生产站队（油气处理厂、采气队、试采队、油气转运站）、四室（生产管理室、综合办公室、工程技术室、工艺安全室）。英买作业区机构设置情况如图6.1.1所示。

图6.1.1　英买作业区组织机构设置

第二节　天然气生产岗位危害识别内容

对天然气生产过程的生产岗位进行危害识别，即对井口采气、集气、集中处理三个主要生产过程的生产岗位，从以下方面进行危害因素识别，查找原因并给出相应的防范措施：

（1）设备设施固有危害因素分析。

通过对天然气生产各生产岗位涉及的设备设施的固有危害因素进行识别，并给出防范措施。

（2）生产岗位常见的操作或故障危害因素分析。

（3）管理与环境危害因素分析。

管理与环境危害因素识别在表3.6.1中给出了相应的检查项目，并运用检查表的方式进行了分析，下文不再对特定站场进行分析。

（4）其他危害因素分析。

对站、队的各个岗位可能存在的其他危害，在表3.7.1中给出了相应的检查项目，并运用检查表的方式进行了分析，下文不再对特定站场进行分析。

第三节　采气队生产岗位危害识别

一、采气队简介

以英买作业区采气队为例。英买作业区采气队主要负责英买凝析气田生产单井、集气站的运行管理，负责所属装置、设备的维护及保养工作，确保气井、集气站和所属区域的安全、平稳生产。

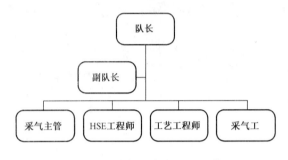

图 6.3.1　采气队岗位设置示意图

（一）采气队岗位设置

采气队岗位设置如图 6.3.1 所示。

（二）采气队生产流程

1. 单井流程

根据不同的生产需要，单井流程可分为生产流程、临时放喷流程。

（1）生产流程：井下安全阀 → 手动主阀 → 液动主阀 → 手动翼阀 → 液动翼阀 → 油嘴 → 回压阀 → 球阀 → 集气支线。

（2）临时放喷流程：非生产翼内侧闸阀 → 非生产翼外侧闸阀 → 1#节流阀 → 放空阀 → 临时放喷管道。

2. 集气站流程

集气站流程如图 6.3.2 所示。

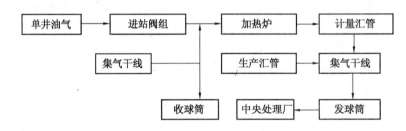

图 6.3.2　集气站流程

二、生产岗位危害识别

采气队主要负责所辖井区的生产单井、集气站的运行。

采气队各生产岗位涉及的设备设施主要包括两部分：采气井场和集气站。主要设备设施有采气井场（采气树、加药装置、加热炉）、集气站进站阀组、加热炉、油气分离器、收发球装置等。根据前面介绍的工艺流程，采气队主要设备设施的固有危害因素分析见表 6.3.1。

采气队主要生产岗位常见的操作或故障危害因素分析见表 6.3.2。

表 6.3.1 采气队主要设备设施固有危害因素分析表

单元	设备设施名称	危害或故障	原因分析	处置措施	危险分析 ($D = L \cdot E \cdot C$)				危险程度
					L	E	C	D	
采气井场	采气树	阀泄漏	填料处泄漏 (1) 填料选用不对,不耐介质的腐蚀,不耐高压或真空、高温或低温。(2) 填料安装不对。(3) 填料超过试用期,已老化,丧失弹性。(4) 阀杆弯曲,有腐蚀,有磨损。(5) 填料圈数不足,压盖未压紧。(6) 压盖、螺栓和其他部件损坏,使压盖无法压紧。(7) 操作不当,用力过猛等。(8) 压盖歪斜,压盖和阀杆间隙过小或过大,致使阀杆磨损,填料损坏	(1) 应按工况条件选用填料的材质和形式。(2) 重新安装填料。(3) 及时更换填料。(4) 进行矫正、修复。(5) 按规定上足圈数,压盖应对称均匀压紧,并留足预紧间隙。(6) 及时修理损坏部件。(7) 以均匀正常力量操作。(8) 应均匀对称拧紧压盖螺栓,压盖与阀杆间隙过小,应适当增大其间隙。压盖与阀杆间隙过大,应更换压盖	3	6	3	54	可能危险
			垫片处泄漏 (1) 垫片选用不对,不耐介质的腐蚀,不耐高压或真空、高温或低温。(2) 操作不稳,引起阀门压力、温度波动。(3) 垫片的压力不够或者连接处无预紧间隙。(4) 垫片装配不当,受力不均。(5) 静密封面加工质量不高,表面粗糙不平,横向划痕。(6) 静密封面和垫片不清洁,有异物混入	(1) 应按工况条件选用垫片的材质和形式。(2) 精心调节,平稳操作。(3) 应均匀、对称上紧螺栓,预紧力要符合要求,不可过大或过小。法兰和螺纹连接处应有一定的预紧间隙。(4) 垫片装配应对正,受力均匀,垫片不允许搭接和使用双垫片。(5) 静密封面腐蚀、损坏、加工质量不高应进行修理、研磨,进行着色检查使静密封面符合有关要求。(6) 安装垫片注意清洁,密封面应用煤油清洗,垫片不应落地	3	6	3	54	可能危险
			密封面泄漏 (1) 密封面研磨不平,不能形成密封线。(2) 阀杆与关闭件的连接处顶心悬空、不正或磨损。(3) 阀杆弯曲或装配不正使关闭件歪斜。(4) 密封面材质选用不当或没有按工况条件选用阀门,密封面容易产生腐蚀、冲蚀、磨损。	(1) 密封研磨时,研具、研磨剂、砂纸等物件应选用合理,研磨方法要正确,研磨后应进行着色检查,密封面应无压痕、裂纹、划痕等缺陷。(2) 阀杆与关闭件连接处应符合设计要求,顶心处不符合设计要求的,要进行修整,顶心应有一定的活动间隙,特别是阀杆台肩与关闭件的轴向间隙不小于2mm。	3	6	3	54	可能危险

续表

单元	设备设施名称	危害或故障	原因分析	处置措施	危险分析（$D = L \cdot E \cdot C$）				危险程度
					L	E	C	D	
采气井场	采气树	阀泄漏	密封面泄漏	（5）堆焊和热处理没有按规程操作，因硬度过低产生磨损，因合金元素烧损产生腐蚀，因内应力过大产生裂纹。 （6）经过表面处理的密封面剥落或因研磨过大，失去原来的性能。 （7）密封面关闭不严或因关闭后冷缩出现细缝，产生冲蚀现象。 （8）把切断阀当作节流阀、减压阀使用，密封面被冲蚀而损坏。 （9）阀门已到关闭位置，继续施加过大的关闭力，包括不正确地使用杠杆操作，密封面被压坏变形。 （10）密封面磨损过大而产生掉线现象，即密封副不能很好地密合	（3）阀杆弯曲应进行矫直，阀杆、阀杆螺母、关闭件、阀座经调整后，应在一条公共轴线上。 （4）选用阀门或更换密封面时，应符合工况条件，密封面加工后，其耐蚀、耐磨、耐擦等性能好。 （5）重新堆焊和热处理，不允许有任何影响使用的缺陷存在。 （6）对密封面表面进行淬火、渗氮、渗硼、镀铬处理。 （7）阀门关闭或开启应有标记，对关闭不严的应及时修复。 （8）作为切断阀的阀门，不允许作节流阀、减压阀使用，关闭件应处于关闭或全开位置。 （9）阀门关闭适当，直径小于320mm的手轮只允许一人操作，直径大于或等于320mm的手轮允许两人操作，或一人借助500mm以内的杠杆操作。 （10）密封面掉线后，应进行调节，无法调节的应更换	3	6	3	54	可能危险
			密封圈泄漏	（1）密封圈碾压不严。 （2）密封圈与本体焊接、堆焊不良。 （3）密封圈连接螺纹、螺钉、压圈松动。 （4）密封圈连接面被腐蚀	（1）注入胶黏剂或再碾压固定。 （2）重新补焊，无法补焊时，应清除原堆焊层，重新堆焊。 （3）紧固密封圈连接螺纹、螺钉、压圈。 （4）应卸下清洗，更换损坏的螺钉、压圈，研磨密封面与连接座密合面，重新装配。对腐蚀严重的可用研磨、黏接、焊接等方法修复，无法修复时应更换密封圈	3	6	3	54	可能危险
			关闭件脱落产生的泄漏	（1）操作不良，使关闭件卡死或超过上止点，连接处损坏断裂。 （2）关闭件连接不牢固，松劲而脱落。 （3）选用连接件材质不对，不耐介质腐蚀和机械磨损	（1）关闭阀门不能用力过大，开启阀门不能超过上止点，阀门全开后，手轮要倒转少许。 （2）关闭件与阀杆连接应正确，螺纹连接处应有止退件。 （3）重新选用连接件	3	6	3	54	可能危险

续表

单元	设备设施名称	危害或故障		原因分析	处置措施	危险分析 ($D = L \cdot E \cdot C$)				危险程度
						L	E	C	D	
采气井场	采气树	阀泄漏	密封面间嵌入异物的泄漏	(1) 不常开启或关闭的密封面上容易积沾一些脏物。 (2) 介质不干净, 含有磨粒、铁锈、焊渣等杂物卡在密封面上。 (3) 介质本身含有硬料物质	(1) 加强保养, 使用时关闭或开启一下阀门, 关闭时留一条细缝, 反复几次让流体将沉积物冲走。 (2) 利用流体将杂物冲走, 对难以用介质冲走的应打开阀盖取出。 (3) 尽量选用旋塞阀、密封面为软质材料制作的阀门	3	6	3	54	可能危险
		阀杆操作不灵活		(1) 阀杆与其相配合件加工精度低, 配合间隙过小, 表面粗糙度大。 (2) 阀杆、阀杆螺母、支架、压盖、填料等件装配不正确, 轴线不在一条线上。 (3) 填料压得过紧, 抱死阀杆。 (4) 阀杆弯曲。 (5) 梯形螺纹处不清洁, 积满了脏物和磨粒, 润滑条件差。 (6) 阀杆螺母松脱, 梯形螺纹滑丝。 (7) 转动的阀杆螺母与支架滑动部位的润滑条件差, 中间混入磨粒, 使其磨损咬死, 或因长时间不用而锈死。 (8) 操作不良, 使阀杆有关部位变形、磨损和损坏。 (9) 阀杆与转动部位连接处松脱或损坏。 (10) 阀杆被顶死或关闭件卡死	(1) 重新加工配合件, 按要求装配。 (2) 重新装配, 使间隙一致, 保持同心, 旋转灵活。 (3) 适当放松填料。 (4) 对阀杆进行矫正, 不能矫正应更换。操作时, 关闭力适当, 不能过大。 (5) 阀杆、阀杆螺母应经常清洗并加润滑油。 (6) 阀杆螺母松脱应进行修复, 不能修复的阀杆螺母和滑丝的梯形螺纹件应更换。 (7) 定期保养, 使阀杆螺母处润滑良好, 发现有磨损和咬死现象, 应及时修理。 (8) 要掌握正确的操作方法, 关闭力要适当。 (9) 及时修复。 (10) 正确操作阀门	3	6	7	126	显著危险
		手轮、手柄和扳手的损坏		(1) 使用长杠杆、管钳或使用撞击工具致使手轮、手柄和扳手损坏。 (2) 手轮、手柄和扳手的紧固件松脱。 (3) 手轮、手柄和扳手与阀杆连接件, 如方孔、键槽或螺纹磨损, 不能传递扭矩	(1) 正确使用手轮、手柄和扳手, 禁止使用长杠杆、管钳和撞击工具。 (2) 连接手轮、手柄和扳手的紧固件丢失和损坏应配齐, 对振动较大的阀门以及容易松动的紧固处, 应改为弹性垫圈防松件。 (3) 进行修复, 不能修复的应更换	3	6	3	54	可能危险
		闸阀常见故障	不能开启	(1) T形槽断裂。 (2) 单闸板卡死在阀体内。 (3) 内阀杆螺母失效。 (4) 阀杆关闭后受热顶死	(1) T形槽应有圆弧过渡, 提高铸造和热处理质量, 开启时不要超过死点。 (2) 关闭力要适当, 不要使用长杠杆。 (3) 内阀杆螺母不耐腐蚀, 成套更换。 (4) 阀杆在关闭后, 应间隔一段时间, 对阀杆进行卸载, 将手轮倒转少许	3	6	7	126	显著危险

单元	设备设施名称	危害或故障	原因分析	处置措施	危险分析 (D = L·E·C)				危险程度
					L	E	C	D	
采气井场	采气树	闸阀常见故障 关不严	(1) 阀杆的顶心磨灭或悬空，使闸板密封时好时坏。 (2) 密封面掉线。 (3) 楔式双闸板脱落。 (4) 阀杆与闸板脱落。 (5) 导轨扭曲、偏斜。 (6) 闸板拆卸后装反。 (7) 密封面擦伤	维修或更换	3	6	3	54	可能危险
		球阀常见故障 关不严	(1) 球体冲翻。 (2) 用于节流，损坏了密封面。 (3) 密封面被压坏。 (4) 密封面无预紧压力。 (5) 扳手、阀杆和球体三者连接处间隙过大，扳手已到关闭位，而球体旋转角不足90°而产生泄漏。 (6) 阀座与本体接触面不光洁、磨损，"O"形圈损坏使阀座泄漏	(1) 装配要正确，操作要平稳，球体冲翻后应及时修理，更换密封座。 (2) 不允许作节流阀使用。 (3) 拧紧阀座处螺栓应均匀，损伤的密封面可进行研刮修复。 (4) 阀座密封面应定期检查预紧压力，发现密封面有泄漏或接触过松时，应少许压紧阀座密封面。预压弹簧失效应更换。 (5) 有限位机构的扳手、阀杆和球体三者连接处松动和间隙过大时应修理，消除扳手提前角，使球体正确开闭。 (6) 降低阀座与本体接触面粗糙度，减少阀座拆卸次数，"O"形圈定期更换	3	6	3	54	可能危险
		截止阀和节流阀常见故障 密封面泄漏	(1) 介质流向不对，冲蚀密封面。 (2) 平面密封面易沉积脏物。 (3) 锥面密封副不同心。 (4) 衬里密封面损坏、老化	(1) 按流向箭头或按结构形式安装，介质从阀座下引进。 (2) 关闭时留细缝冲刷几次再关闭。 (3) 装配要正确，阀杆、阀瓣或节流锥、阀座三者在同一轴线上，阀杆弯曲要矫直。 (4) 定期检查和更换衬里，关闭力要适当，以免压坏密封面	3	6	3	54	可能危险
		失效	(1) 针型阀堵死。 (2) 小口径阀门被异物堵住。 (3) 阀瓣、节流锥脱落。 (4) 内阀杆螺母或阀杆梯形纹损坏	(1) 选用不对，不适于黏度大的介质。 (2) 拆卸或解体清除。 (3) 关闭件脱落后修复，钢丝应为不锈钢丝。 (4) 选用不当，被介质腐蚀，应正确选用阀门结构型式，操作力要小，特别是小口径的截止阀和节流阀。梯形螺纹损坏后应及时更换	3	6	7	126	显著危险

续表

单元	设备设施名称	危害或故障	原因分析		处置措施	危险分析 ($D = L \cdot E \cdot C$)				危险程度
						L	E	C	D	
采气井场	采气树	截止阀和节流阀常见故障	节流不准	(1) 标尺不对零位，标尺丢失。 (2) 节流锥冲蚀严重	(1) 标尺调准对零，标尺松动或丢失后应修理和补齐。 (2) 要正确选材和热处理，流向要对，操作要正确	3	6	3	54	可能危险
加药装置	加药罐	密封不良导致人员中毒	罐顶密封不严		检查、更换罐顶密封垫	3	6	3	54	可能危险
		强度缺陷导致开裂	筒体强度不够		定期检测，日常巡检仔细检查	3	6	3	54	可能危险
		附件缺陷导致泄漏	(1) 人孔密封不严。排污密封不严。 (2) 进出口阀机械缺陷		(1) 定期检查、紧固螺栓和更换密封垫。 (2) 检查更换进出口阀	3	6	3	54	可能危险
		缺陷导致憋罐、环境污染	放空管堵塞		检查、维护	3	6	7	126	显著危险
		附件缺陷导致溢罐、抽空	(1) 液位计设备缺陷。 (2) 卡堵		(1) 检查、更换。 (2) 检查、维修或更换	3	6	3	54	可能危险
往复泵	加药计量泵	噪声或振动	(1) 连杆螺栓松动。 (2) 连杆轴瓦与轴配合间隙过大。 (3) 运动部分其他零件松动		(1) 拧紧连杆螺栓。 (2) 调整或更换轴瓦。 (3) 调整或更换松动的零件	3	6	3	54	可能危险
		滚动轴承温度过高	(1) 轴承装配间隙不良。 (2) 轴承内进入污物。 (3) 润滑不良。 (4) 轴承出现疲劳蚀痕等		(1) 重新装配调整轴承间隙。 (2) 清除污物。 (3) 改善润滑。 (4) 更换轴承	3	6	3	54	可能危险
		润滑油温度过高	(1) 运动部件装配不良。 (2) 机件润滑不良		(1) 重新装配。 (2) 改善润滑	3	6	3	54	可能危险
		泵的进、排液管振动剧烈	(1) 稳压器（蓄能器）充气不足、过高或者胶囊损坏。 (2) 泵的进、排液阀泄漏。 (3) 进、排液阀密封圈泄漏。 (4) 泵体内存有气体。 (5) 进出口管道固定不好。 (6) 过滤器堵塞		(1) 按规范充气或更换胶囊。 (2) 更换失灵的进、排液阀。 (3) 更换密封圈。 (4) 进、排液管道放掉泵体内气体。 (5) 加固管道。 (6) 清过滤器	3	6	7	126	显著危险
		泵体法兰密封不良	(1) 法兰螺母松动。 (2) 密封圈损坏		(1) 拧紧螺母。 (2) 更换密封圈	3	6	3	54	可能危险

续表

单元	设备设施名称	危害或故障	原因分析	处置措施	L	E	C	D	危险程度
往复泵	加药计量泵	进、排液阀的阀腔内敲击声不均匀	(1) 泵体上法兰没压紧或螺母松动。 (2) 阀弹簧失灵或断裂。 (3) 阀座、阀芯损坏	(1) 压紧法兰或拧紧法兰螺母。 (2) 调整或更换弹簧。 (3) 调换阀座、阀芯	3	6	7	126	显著危险
		柱塞密封不良	(1) 柱塞密封函处调节螺母松动。 (2) 密封圈磨损严重。 (3) 密封函中进入污物	(1) 调节螺母的压紧量。 (2) 更换损坏的密封圈。 (3) 清除泵体内及管道的污物	3	6	3	54	可能危险
		柱塞温度过高	(1) 柱塞密封函处调节螺母压得太紧。 (2) 密封圈装配不当。 (3) 与导向套的配合间隙过小或偏磨	(1) 适当调节螺母。 (2) 纠正密封圈的安装。 (3) 更换导向套	3	6	3	54	可能危险
		泵的动力不足	(1) 配套电动机功率不足。 (2) 传动皮带太松（打滑）	(1) 检修或更换电动机。 (2) 调整传动皮带松紧度	3	6	7	126	显著危险
离心泵	喂油泵、水平泵、循环水泵	不输液或输液很少	(1) 若泵压不高，则可能吸入管道或过滤器阻塞。 (2) 输出管路阻力大。 (3) 管道或叶轮受阻。 (4) 泵及管道没有正确排气灌油。 (5) 管道中有死角形成气堵。 (6) 泵吸入侧真空度高。 (7) 旋转方向不正确。 (8) 转速低。 (9) 叶轮口环与泵体口环磨损。 (10) 输送液体的密度、黏度偏离基本值。 (11) 泵机组调整状态不正确。 (12) 电机只运行于两相状态。 (13) 传输流量低于规定值	(1) 清理过滤器或管道阻塞杂物。 (2) 适当打开泵出口阀，使之达到工作点。 (3) 清洗管道或叶轮流道。 (4) 必要时装入排气阀，或者重新布管。 (5) 检查高位槽（给液槽）液位，必要时进行调节。 (6) 泵进口阀门全部打开。当高液位槽至泵进口阻力过大时重新布管并检查过滤器。 (7) 调整电机转向。 (8) 提高转速。 (9) 更换已磨损的零件。 (10) 当介质偏离定购参数而发生故障时，需与厂家联系解决。 (11) 按照说明重新调整。 (12) 检查电缆的连接或更换保险。 (13) 把传输流量调到规定值	3	6	3	54	可能危险
		泵振动	(1) 管道或叶轮受阻。 (2) 泵及管道没有正确排气灌油。 (3) 泵扬程高于规定扬程。 (4) 泵机组调整状态不正确。 (5) 泵承受外力过大。	(1) 清洗管道或叶轮流道。 (2) 必要时装入排气阀，或者重新布管。 (3) 调节泵出口阀，使之达到工作点。 (4) 按照说明重新调整。	3	6	7	126	显著危险

单元	设备设施名称	危害或故障	原因分析	处置措施	危险分析 ($D=L \cdot E \cdot C$)				危险程度
					L	E	C	D	
离心泵	喂油泵、水平泵、循环水泵	泵振动	(6) 联轴器不同心或间距未达规定尺寸。 (7) 轴承损坏。 (8) 传输流量低于规定值	(5) 检查管道的连接和支撑。 (6) 进行调节。 (7) 更换轴承。 (8) 把传输流量调到规定值	3	6	7	126	显著危险
		流量、扬程低于设计值	(1) 管道或叶轮受阻。 (2) 泵及管道没有正确排气灌油。 (3) 管道中有死角形成气堵。 (4) 泵吸入侧真空度高。 (5) 电机只运行于两相状态	(1) 清洗管道或叶轮流道。 (2) 必要时装入排气阀，或者重新布管。 (3) 检查高位槽（给液槽）液位，必要时进行调节。 (4) 泵进口阀门全部打开。当高液位槽至泵进口阻力过大时，重新布管。检查过滤器。 (5) 检查电缆的连接或更换保险	3	6	3	54	可能危险
		油泵消耗功率过大	(1) 排量超出额定排量。 (2) 输送液体的密度、黏度偏离基本值。 (3) 转数过高。 (4) 联轴器不同心或间距未达规定尺寸。 (5) 电机电压不稳定。 (6) 轴承损坏。 (7) 泵内有异物混入，出现卡死。 (8) 泵传输量过大。 (9) 填料压盖太紧，填料盒发热。 (10) 泵轴窜量过大，叶轮与入口密封环发生摩擦。 (11) 轴心线偏移。 (12) 零件卡住	(1) 调节泵出口阀，使之达到工作点。 (2) 当介质偏离定购参数而发生故障时，需与厂家联系解决。 (3) 降低转数。 (4) 进行调节。 (5) 采用稳定电压。 (6) 更换轴承。 (7) 清除泵内异物。 (8) 关小出口阀门。 (9) 调节填料压盖的松紧度。 (10) 调整轴向窜量。 (11) 找正轴心线。 (12) 检查、处理	3	6	7	126	显著危险
		油泵发热或不转动	(1) 泵及管道没有正确排气灌油。 (2) 旋转方向不正确。 (3) 联轴器不同心或间距未达规定尺寸。 (4) 轴承损坏。 (5) 泵内有异物混入，出现卡死。 (6) 传输流量低于规定值	(1) 必要时装入排气阀，或者重新布管。 (2) 调整电机转向。 (3) 进行调节。 (4) 更换轴承。 (5) 清除泵内异物。 (6) 把传输流量调到规定值	3	6	7	126	显著危险
		轴承温度升高	(1) 泵承受外力过大。 (2) 轴承腔体润滑油（脂）过少。 (3) 联轴器不同心或间距未达规定尺寸	(1) 检查管道的连接和支撑。 (2) 补充润滑油（脂）。 (3) 调整泵与电机同心度	3	6	3	54	可能危险

续表

单元	设备设施名称	危害或故障	原因分析	处置措施	危险分析 ($D = L \cdot E \cdot C$)				危险程度
					L	E	C	D	
离心泵	喂油泵、水平泵、循环水泵	填料密封不良	(1) 填料没有装够应有的圈数。 (2) 填料的装填方法不正确。 (3) 使用填料的品种或规格不当。 (4) 填料压盖没有紧。 (5) 存在吃"填料"现象	(1) 加装填料。 (2) 重新装填料。 (3) 更换填料，重新安装。 (4) 适当拧紧压盖螺母。 (5) 减小径向间隙	3	6	3	54	可能危险
		机械密封不良	(1) 冷却水不足或堵塞。 (2) 弹簧压力不足。 (3) 密封面被划伤。 (4) 密封元件材质选用不当	(1) 清洗冷却水管，加大冷却水量。 (2) 调整或更换。 (3) 研磨密封面。 (4) 更换为耐腐蚀性较好的材质	3	6	3	54	可能危险
		(1) 泵内发出异常噪声。 (2) 泵发生剧烈振动。 (3) 泵突然不排液。 (4) 电流超过额定值持续不降	需专业维修人员处理	紧急停泵	3	6	7	126	显著危险
单井管道、集气站进站阀组	凝析气管道	缺陷导致爆裂	(1) 设计缺陷，承压能力不足。 (2) 管道施工质量存在缺陷。 (3) 管道腐蚀导致壁厚减薄。 (4) 应力腐蚀导致管道脆性开裂。 (5) 管道安全泄压装置失灵或随意关闭安全阀下面的进气阀门。 (6) 管道压力升高超过设计压力。 (7) 管道受到外力冲击或自然灾害破坏	(1) 加强设计管理，优选设计队伍，严格设计审查。 (2) 加强管道施工质量监督，严格控制施工质量。 (3) 完善管道阴极保护或在易腐蚀地段增设牺牲阳极。 (4) 提高防corrosion等级，减缓管道腐蚀。 (5) 建立完善并严格执行各项规章制度和操作规程，严格控制运行参数。 (6) 加强管道日常维护与管理，定期开展管道安全检查和压力管道检验。 (7) 建立完善管道爆裂事故应急预案，降低事故损失	3	6	7	126	显著危险

单元	设备设施名称	危害或故障	原因分析	处置措施	危险分析 ($D=L\cdot E\cdot C$)				危险程度
					L	E	C	D	
单井管道、集气站进站阀组	凝析气管道	缺陷导致泄漏	(1) 管道设计缺陷。 (2) 管道施工质量存在缺陷。 (3) 管道腐蚀导致壁厚减薄或局部穿孔。 (4) 系统出现异常导致管道憋压。 (5) 管道投产时或投产初期，管道弯管处未进行回填土开挖或开挖长度、宽度及方向不符合要求，造成弯管变形甚至破裂。 (6) 管道线路上方违章动土作业，造成管道破坏。管道埋地深度过浅造成管道意外破坏。 (7) 自然灾害或其他外力冲击导致管道损坏	(1) 加强设计管理，严格设计审查。 (2) 加强管道施工质量监督，严格控制施工质量。管道投产时，应认真编制投产方案，完善并落实技术措施。 (3) 提高防腐等级。使用非金属管道代替金属管道或采取内防腐措施。完善管道阴极保护或在易腐蚀地段增设牺牲阳极。管道穿越电气化铁路或与高压输电线路平行敷设时，应增设杂散电流排流措施。 (4) 设置自动泄压保护装置，定期组织安全设施检验。 (5) 实时监测管道运行，及时发现管道泄漏。 (6) 实施警民联动，严厉打击各种非法活动。加强管道安全知识宣传。 (7) 建立完善管道爆裂事故应急预案，防止环境污染及火灾、爆炸事故，降低事故损失	3	6	7	126	显著危险
		火灾、爆炸	(1) 管道爆裂导致油气泄漏，其爆裂瞬间金属撕裂过程所产生的火花，可引发火灾、爆炸。爆炸后的金属碎片撞击附近物体，产生火花，引发火灾、爆炸。管道泄漏，油气蔓延，遇明火引发火灾、爆炸。油气泄漏过程中，油气喷射与空气摩擦或油气中的固体杂质与金属摩擦产生静电，放电打火，引发火灾、爆炸。泄漏油气携带的硫化亚铁遇空气自燃引发火灾、爆炸。 (2) 违章进行检、维修作业。 (3) 地面敷设管道和高电阻地区的埋地敷设管道未进行防静电接地或接地有缺陷。 (4) 管道敷设区域违章动土、自然灾害或其他外力冲击，导致管道破裂，遇明火或火花，引发火灾、爆炸	(1) 严防管道泄漏或空气进入油气管道内，避免形成爆炸混合物。二是避免明火产生。 (2) 作业人员应正确穿（配）戴劳动防护用品，严禁违章使用明火或使用非防爆工具和非防爆通信工具。加强危险作业管理，严格执行作业票证制度，确保各项安全措施的落实。 (3) 地面敷设管道和高电阻地区的埋地敷设管道应设置管道防静电措施，防止静电聚集。 (4) 建立完善管道火灾、爆炸事故应急预案，减少人员伤亡，降低事故损失	3	6	15	270	高度危险

续表

单元	设备设施名称	危害或故障	原因分析	处置措施	L	E	C	D	危险程度
加热炉	井口、集气站真空加热炉	缺陷导致爆裂	设计、制造存在缺陷，导致承压能力不足，可引发设备承压件爆裂事故	加强设计管理，优选设计队伍，严格设计审查	3	6	7	126	显著危险
		缺陷导致泄漏	炉膛温度（烟气温度）控制不当，燃料含硫，可加快对流管（烟管）腐蚀穿孔，引发泄漏	检修或更换对流管	3	6	3	54	可能危险
		火灾、爆炸	换热管腐蚀穿孔、爆裂或断裂，大量压力流体进入汽水室，可引起设备爆裂，并可引发火灾、爆炸事故	检查、更换换热管	3	6	15	270	高度危险
		防护缺陷导致爆炸	熄火保护失效，火焰突然熄灭，燃料继续供应进入炉膛并与空气混合形成爆炸混合物，炉膛高温引发爆炸	熄火保护要完好	3	6	7	126	显著危险
		密封不良导致烟道爆炸	燃料不能完全燃烧，烟气中含有可燃气体，若炉体不严密致使空气进入烟道，可燃气体与空气形成爆炸混合物，可在烟道内发生爆炸	加强检查，确保炉体密封良好	3	6	7	126	显著危险
		高温物质伤害	（1）设备高温部件裸露，高温热媒、物料泄漏或紧急泄放，可引发人身伤害。（2）设备点火、燃烧器参数调整，个体防护缺失或有缺陷，若炉膛回火，易造成灼烫伤害	（1）设备高温部件裸露的部位如果危及操作人员，应加保温材料防护。（2）加强个体防护，避免造成灼烫伤害	3	6	7	126	显著危险
分离器	分离器、分液罐	缺陷导致容器爆裂	（1）电化学腐蚀造成容器或受压元件壁厚减薄，承压能力不足。（2）应力腐蚀造成容器脆性破裂，引发容器爆裂。（3）压力、温度、液位计检测仪表失效，可导致系统发生意外事故，甚至引发容器爆裂。（4）安全阀失效，可导致压力升高，引起容器爆裂。（5）容器压力超高，岗位人员没有及时打开旁通，引发容器爆裂	（1）采用防腐层和阴极保护措施并定期检测。（2）采用防腐层或缓蚀剂并定期检测。（3）除定期检测压力表、温度计、液位计等仪表外，日常巡检过程中还应检查上述检测仪表的工作状态，发现异常及时维修或更换。（4）安全阀定期检验。为防止安全阀的阀芯和阀座黏住，应定期对安全阀做手动的排放试验。（5）岗位人员监测分离器压力情况，当压力高于设计值时，停止计量，改为旁通越站流程	3	6	7	126	显著危险

单元	设备设施名称	危害或故障	原因分析	处置措施	危险分析 ($D = L \cdot E \cdot C$)				危险程度
					L	E	C	D	
分离器	分离器、分液罐	缺陷导致泄漏	人孔、排污孔、工艺或仪表开孔等处连接件密封失效，排污孔关闭不严，容器或受压元件腐蚀穿孔等	(1) 日常巡检重点检查人孔、排污孔、工艺或仪表开孔等处连接件密封情况，发现异常及时处理。 (2) 压力容器定期检测	3	6	3	54	可能危险
		出口汇管刺漏	(1) 腐蚀。 (2) 高压。 (3) 材质问题	(1) 定期检测。 (2) 巡检人员认真检查，发现异常及时处理。 (3) 按照工况合理选材	3	6	3	54	可能危险
		火灾、爆炸	容器打开，空气进入容器内部形成爆炸性混合气体，遇明火或火花造成火灾、爆炸	加强日常检查，确保容器在运行过程中容器盖不会随意打开	3	6	15	270	高度危险
		运动物伤害	带压紧固受压元件，连接件飞出，可造成人身伤害	紧固件螺栓要上紧	3	6	7	126	显著危险

表 6.3.2　采气队主要生产岗位常见操作或故障危害因素分析表

岗位	操作或原因	常见操作步骤及危害	控制消减措施
采气岗	加药泵启泵准备（井口）	(1) 仪表显示不正常，设备超载运行，损坏电动机。 (2) 各连接部位松动，运行时脱落发生设备事故或机械伤害。 (3) 缺润滑油或油质不合格，长期运行轴承温度高于限值，引发设备事故。 (4) 不盘泵、转动不灵活或有卡阻，启泵时烧毁电动机。 (5) 保护接地松动、断裂，引发触电事故。 (6) 未检查电压表读数，电压过高、过低或缺相，易造成配电系统故障，严重的会烧毁电动机。 (7) 药缸渗漏造成药液流失，污染环境，液位低，泵抽空，损坏设备	(1) 检查泵的各阀门及压力表是否灵活好用。 (2) 检查各连接部分是否堵塞或松动。 (3) 检查油质、油位是否正常。 (4) 盘泵转动使柱塞泵往复两次以上，检查各转动部件是否转动灵活。 (5) 检查电路接头是否紧固，电动机接地线是否合格。 (6) 电压是否正常且在规定范围内，系统是否处于正常供电状态，电动机转动部位防护罩是否牢固，漏电保护器是否动作灵活。 (7) 检查药缸是否完好，药液是否按规定浓度配置，液位是否符合生产要求
	加药泵启泵	未打开出口阀门，造成憋压，损坏设备设施	必须先打开泵的进出口阀门，再按下启动按钮
	加药泵停泵	停泵操作顺序不正确，造成设备损坏	先按下停止按钮，再关闭泵的进出口阀门
	操作阀组	(1) 操作阀门站立位置不对，阀杆窜出导致物体打击。 (2) 阀门质量缺陷，阀芯、阀杆、卡箍损坏飞出导致物体打击。 (3) 带压紧固连接件突然破裂。带压紧固压力表的连接螺纹有缺陷致使压力表飞出，导致物体打击	(1) 操作人员严格按操作规程正确操作。 (2) 确保投用的阀门质量。 (3) 巡检过程中严格检查压力表、阀门及其他连接件的工作情况，发现异常及时处理

岗位	操作或原因	常见操作步骤及危害	控制消减措施
采气岗	真空加热炉启炉	(1) 未进行强制通风或通风时间不够，炉内有余气，引发火灾、爆炸及人身伤害事故。 (2) 开关阀门时未侧身，发生物体打击事故。 (3) 检测不正常时，未根据指示做好检查与整改，擅自更改程序设置，违章点火，引发火灾、爆炸事故。 (4) 运行时未进行严格生产监控、巡检和维护，不能及时发现和处理异常，引发火灾、爆炸或污染事故。 (5) 未进行有效排气，达不到真空度，进液介质温度达不到生产要求。 (6) 炉管未进行有效防腐，发生腐蚀穿孔跑油	(1) 进行强制通风，检查炉内无余气后按启动按钮，待锅筒温度达到90℃后，打开上部排气阀，排气5~10min，关闭排气阀。 (2) 侧身关闭阀门。 (3) 启运后，要及时检查加热炉运行状况，并做好上下游相关岗位信息沟通。 (4) 定期巡检维护。 (5) 进行有效排气。 (6) 检测、维修炉管
	真空加热炉停炉	(1) 停炉后进出口温度或锅筒温度过低，造成炉内盘管原油凝结事故。 (2) 停炉后直接关闭进出口阀门，造成炉膛内温度过高，锅筒内超压发生物理性爆炸	(1) 按停炉操作规程停炉，继续保持介质流动。 (2) 若冬季长时间停炉，必须放空炉水或定期启炉，确保炉水温度符合规定值
	加热炉巡检	利用防爆门后部的观火孔观火时，防爆门突然开启造成物体打击伤害	利用防爆门后部的观火孔观火时，避免靠近其上盖，防止防爆门突然开启时伤人
	计量分离器更换玻璃管（集气站）	(1) 未关闭玻璃管上、下流控制阀门或阀门开关顺序有误，使玻璃管憋爆，易造成物体打击伤害。 (2) 割玻璃管时，碎片易造成割伤等其他人身伤害事故	(1) 按顺序关闭玻璃管控制阀门。 (2) 割玻璃管时，应轻拿轻放，用力均匀、平稳
	冲洗计量分离器	(1) 未关闭玻璃管上、下流控制阀门，憋爆玻璃管，易造成物体打击事故。 (2) 关闭阀门未侧身，速度过快，易造成物体打击事故	(1) 冲洗计量分离器时，应先按顺序关闭玻璃管控制阀门。 (2) 侧身、平稳开关阀门。 (3) 冲洗压力应低于安全阀开启压力
	维修电工操作	(1) 未取得操作资格证书上岗操作，易发生触电事故。 (2) 未正确使用检验合格的绝缘工具、用具，未正确穿戴经检验合格的劳动防护用品，易发生触电事故。 (3) 使用未经检验合格的绝缘工具、用具，穿戴未经检验合格的劳动防护用品，易发生触电事故。 (4) 装设临时用电设施未办理作业票，未按作业票落实相关措施，易发生触电事故。 (5) 维护保养作业时，未设专人监护，未悬挂警示牌，易发生触电事故。 (6) 电气设备发生火灾时，不会正确使用消防器材，易导致事故扩大	(1) 电工经培训合格，取得有效操作资格证书，方可上岗。 (2) 正确使用检验合格的绝缘工具、用具，正确穿戴经检验合格的劳动防护用品。 (3) 禁止使用未经检验合格的绝缘工具、用具，禁止穿戴未经检验合格的劳动防护用品。 (4) 装设临时用电设施必须办理作业票，落实相关措施。 (5) 维护保养作业时，设专人监护、悬挂警示牌。 (6) 会正确使用消防器材

第四节 油气处理厂生产岗位危害识别

一、油气处理厂简介

以英买作业区油气处理厂为例。处理厂主要生产天然气、凝析油、液化气和稳定轻烃。天然气采用分子筛脱水，J-T阀制冷脱烃工艺。凝析油稳定采用三级闪蒸加提馏工艺、水洗脱盐和化学脱水工艺。

（一）油气处理厂岗位设置

油气处理厂岗位设置如图6.4.1所示。

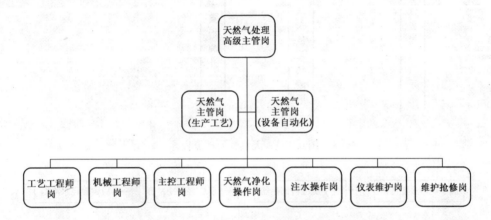

图6.4.1 油气处理厂生产岗位设置示意图

（二）油气处理厂生产流程

（1）凝析油处理流程如图6.4.2所示。

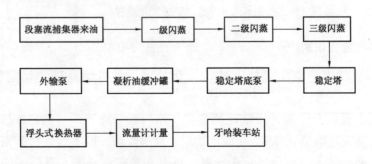

图6.4.2 凝析油处理流程

（2）天然气处理流程如图6.4.3所示。

（3）稳定轻烃工艺流程如图6.4.4所示。

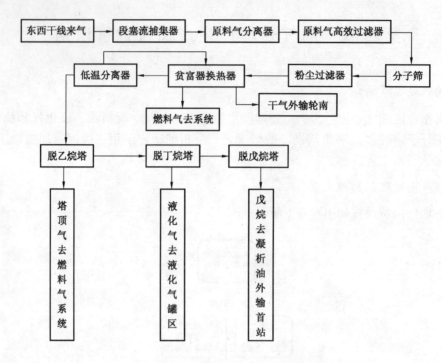

图 6.4.3　天然气处理流程

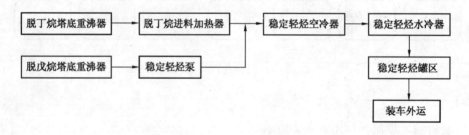

图 6.4.4　稳定轻烃工艺流程

二、生产岗位危害识别

油气处理厂油气生产主要包括天然气净化处理、凝析油处理和稳定轻烃处理三大部分。

主要设备设施有压力容器（段塞流捕集器、原料气分离器、过滤器、换热器、低温分离器等以及凝析油闪蒸罐等）、塔类（脱乙烷塔、脱丙烷塔、脱丁烷塔、凝析油稳定塔等）、凝析油缓冲罐、轻烃储罐、空冷器、水冷器、机泵和装车设施等。根据前面介绍的工艺流程，油气处理厂主要设备设施的固有危害因素分析见表 6.4.1。

油气处理厂主要生产岗位常见的操作或故障危害因素分析见表 6.4.2。

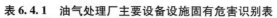

表 6.4.1　油气处理厂主要设备设施固有危害识别表

单元	设备设施名称	危害或故障	原因分析	处置措施	危险分析 ($D=L \cdot E \cdot C$)				危险程度
					L	E	C	D	
压力容器	段塞流捕集器、原料气分离器、高效过滤器、粉尘过滤器、再生气分离器、低温分离器、缓冲分离罐、压缩机入口缓冲罐、凝析油一级闪蒸罐、二级闪蒸罐等	振动	分离器的污水排完后，天然气进入排污管，气流产生的冲刷导致分离器的声音突变	快速关闭排污阀，避免气流冲击污水池导致污水飞溅	3	6	3	54	可能危险
		设备本体缺陷	(1) 电化学腐蚀造成容器或受压元件壁厚减薄，承压能力不足。(2) 应力腐蚀造成容器脆性破裂，引发容器爆裂。(3) 压力、温度、液位检测仪表失效，可导致系统发生意外事故，甚至引发容器爆裂。(4) 安全阀失效，可导致压力升高引起容器爆裂。(5) 容器压力超高，岗位人员没有及时打开旁通，引发容器爆裂	(1) 采用防腐层和阴极保护措施并定期检测。(2) 采用防腐层或缓蚀剂并定期检测。(3) 除定期检测压力表、温度计、液位计等仪表外，日常巡检过程中还应检查上述检测仪表的工作状态，发现异常及时维修或更换。(4) 安全阀定期检验。为防止安全阀的阀芯和阀座粘住，应定期对安全阀做手动的排放试验。(5) 岗位人员监测分离器压力情况，当压力高于设计值时，停止计量，改为旁通越站流程	3	6	7	126	显著危险
		附件缺陷	人孔、排污孔、工艺或仪表开孔等处连接件密封失效，排污孔关闭不严等	定期检测。巡检人员认真检查，发现异常及时处理	3	6	3	54	可能危险
		防护缺陷	防雷防静电设施失效，有可能导致雷击破坏、静电聚集，引发着火或爆炸	加强检查，确保设备运行过程中防护设施有效可靠	3	6	15	270	高度危险
		高温物质伤害、化学性危害	就地放空的安全阀朝向不符合要求，易引发中毒、窒息、灼烫等伤害	更改就地放空的安全阀朝向及高度	3	6	7	126	显著危险
		运动物伤害	带压紧固件，连接件飞出，可造成物体打击伤害	检查并拧紧紧固件螺栓	3	6	7	126	显著危险
		出口汇管刺漏	(1) 腐蚀。(2) 高压。(3) 材质问题	(1) 定期检测。(2) 巡检人员认真检查，发现异常及时处理。(3) 按照工况合理选材	3	6	3	54	可能危险

续表

单元	设备设施名称	危害或故障	原因分析	处置措施	危险分析 ($D = L \cdot E \cdot C$)				危险程度
					L	E	C	D	
换热器	浮头式换热器、凝稀油换热器、脱丁烷塔塔顶冷却器、脱丁烷塔进料加热器、稳定轻烃冷却器、塔底重沸器、凝析油加热器、凝析油事故罐加热器等	缺陷导致容器爆裂	(1) 板式换热器：冷热流体通道密封失效或传热板腐蚀，造成冷热流体串通，即高压串低压，可造成低压系统压力骤然升高，引发系统破坏甚至发生爆裂。(2) 管式换热器：壳体、封头设计强度不够，腐蚀导致其壁厚减薄，或受外力冲击等，可引发换热器爆裂	(1) 检查密封装置，如密封失效立即修复或更换。检查传热板，如有腐蚀进行更换。(2) 如有设计强度不够等问题，应退货或更换	3	6	7	126	显著危险
		缺陷导致泄漏	板式换热器：(1) 传热板边缘密封材料损坏或压紧螺栓松动致使密封失效，可导致流体泄漏。(2) 换热器结垢堵塞，导致压力升高，可引发泄漏	(1) 检查密封材料，如有损坏应更换。螺栓松动应紧固。(2) 加强日常检查，如发现换热器结垢，应立即清理	3	6	7	126	显著危险
			管式换热器：(1) 壳体腐蚀穿孔，壳程或封头法兰密封失效，可引发壳程流体泄漏。(2) 管箱腐蚀穿孔，排污孔、管程法兰密封失效，可引发壳程流体泄漏。(3) 管束内壁结垢，可导致管束堵塞，管程系统压力升高，引发管程流体泄漏	(1) 检查发现壳体腐蚀穿孔，应立即更换。法兰密封失效，应更换密封材料或法兰。(2) 管箱腐蚀穿孔应更换。排污孔、管程法兰密封失效应更换密封材料或法兰。(3) 检查管束，如发现管束内壁结垢应立即清理					
		密封不良	(1) 板式换热器冷热流体通道密封不良造成冷热流体串通，可造成低压系统超压。(2) 管式换热器管板与管子之间（胀口处）连接不严密，可导致管程、壳程串通，高压流体串入低压系统后，可造成低压系统超压	(1) 检查密封装置，如密封不良立即修复或更换。检查传热板，如有腐蚀进行更换。(2) 检查部件连接处，如连接不严应紧固。管束腐蚀穿孔、管子破裂或爆裂应立即更换。换热器内浮头密封不良应更换密封材料	3	6	15	270	高度危险
		防护缺陷	防雷防静电设施失效，有可能导致雷击破坏和静电聚集，引发着火或爆炸	加强检查，确保设备运行过程中防护设施有效可靠	3	6	15	270	高度危险

续表

单元	设备设施名称	危害或故障	原因分析	处置措施	危险分析 ($D = L \cdot E \cdot C$)				危险程度
					L	E	C	D	
低温设备	低温分离器、绕管式换热器	冻堵	若工作介质中残留水分，易造成设备、管道冻堵，甚至胀裂设备而引发泄漏	采取有效措施，防止冻堵发生	3	6	7	126	显著危险
		设备缺陷	设备材料（包括焊接材料）低温性能不足，冲击韧性降低，会发生冷脆现象，造成设备结构破坏	重新检测、试验，必要时更新设备	3	6	7	126	显著危险
		低温物质伤害	低温介质泄漏或低温设备、部件裸露，人体接触可造成冻伤	人员接近低温设备或低温部位，应按操作规程操作，防止冻伤发生	3	6	7	126	显著危险
		防护设施缺陷	低温设备保冷结构有缺陷或防潮层不严密，空气进入保冷层，所含水分在保冷层内凝结成水，将加快设备的腐蚀	检查修复保冷结构	3	6	3	54	可能危险
		附件缺陷	安全阀温度过低，可造成安全阀冻堵，影响正常泄放，可造成低温设备爆裂	确保安全阀的工作温度范围在规定范围内	3	6	7	126	显著危险
		密封不良	低温设备投产时冷紧固工作不认真，冷收缩造成密封面出现间隙，可引发低温介质泄漏	重新研磨或更换密封件	3	6	3	54	可能危险
塔类	凝析油稳定塔、轻烃稳定塔、脱乙烷塔、脱丙烷塔、脱丁烷塔、分子筛脱水塔、吸附塔等	设备缺陷	（1）设计、制造缺陷，造成承压能力或抗风能力不足，或受到外力冲击，导致筒体变形，甚至引发设备爆裂。 （2）焊接材料或焊接工艺不能满足规范要求，造成脆性破坏，引发设备爆裂。 （3）电化学腐蚀造成塔体或受压元件壁厚减薄，承压能力不足。应力腐蚀造成塔体或受压元件脆性破裂，引发设备爆裂	（1）选好设计、制造单位，确保设备制造质量。 （2）优选材料及焊接工艺。 （3）设备材料具有良好的抗电化学腐蚀或采取必要的工艺措施减小电化学腐蚀	3	6	7	126	显著危险
		附件缺陷	（1）人孔、排污孔、工艺及仪表开孔等连接件密封失效造成塔体泄漏。 （2）压力、温度、液位计监测仪表失效，可导致系统发生意外事故，甚至引发设备爆裂。 （3）安全阀失效，压力升高可引起设备爆裂	（1）定期检测，发现腐蚀及密封失效，应及时修复或更换。 （2）日常巡检确保压力、温度、液位等检测仪器好用。 （3）安全阀除定期检验外，还需加强日常检查，确保其完好	3	6	3	54	可能危险

续表

单元	设备设施名称	危害或故障	原因分析	处置措施	危险分析 ($D = L \cdot E \cdot C$)				危险程度
					L	E	C	D	
塔类	凝析油稳定塔、轻烃稳定塔、脱乙烷塔、脱丙烷塔、脱丁烷塔、分子筛脱水塔、吸附塔等	防护缺陷	防雷防静电设施失效，如接地电阻值超标、接地体或引下线损坏或截面面积不足、断接卡子接触不良或搭接面积不够等，将可能导致雷击破坏、静电聚集，引发着火或爆炸	定期进行防雷防静电检测，确保接地设施良好	3	6	15	270	高度危险
		基础缺陷	(1) 塔群联合平台设计、安装有缺陷，受温度变化和风力、地震等外力的影响，可导致平台结构破坏甚至筒壁撕裂。(2) 裙座机械强度不够，承载能力不足。地脚螺栓强度不足或松动。基础设计或施工存在缺陷。地震、强风等外力冲击等，可引起塔设备倾斜、倒塌	(1) 设计时充分考虑联合平台之间力的相互影响，确保结构合理、坚固耐用。(2) 加强设计、施工规范管理。遇到不可抗拒的自然力破坏时，启动应急救援预案	3	6	7	126	显著危险
加热炉	导热油加热炉	设备缺陷	设计、制造存在缺陷，导致承压能力不足，可引发设备承压件爆裂事故	加强设计管理，优选设计队伍，严格设计审查					高度危险
		耐腐蚀性差	炉膛温度（烟气温度）控制不当，燃料含硫，可加快对流管（烟管）腐蚀穿孔，引发泄漏	检查、更换对流管	3	6	3	54	可能危险
		稳定性差	燃烧器固定不牢，燃料管道泄漏，可引发火灾甚至爆炸事故	固定燃烧器，发现燃料管道泄漏及时处理	3	6	15	270	高度危险
		防护缺陷	由于熄火报警联锁失效，熄火后燃料继续供应进入炉膛，燃料蒸发并与空气混合形成爆炸混合物，炉膛高温引发化学性爆炸	确保熄火保护完好	3	6	7	126	显著危险
		密封不良	燃料不能完全燃烧，烟气中含有可燃气体，若炉体不严密致使空气进入烟道，可燃气体与空气形成爆炸混合物，可在烟道内发生爆炸	加强检查，确保炉体密封性良好	3	6	7	126	显著危险
		高温物质伤害	(1) 设备高温部件裸露，高温热媒、物料泄漏或紧急泄放，可引发人员灼烫伤害。(2) 设备点火、燃烧器参数调整，个体防护缺失或有缺陷，若炉膛回火，易造成灼烫伤害	(1) 设备高温部件裸露的部位如果危及操作人员，应加保温材料防护。(2) 加强个体防护，避免造成灼烫伤害	3	6	7	126	显著危险

单元	设备设施名称	危害或故障	原因分析	处置措施	危险分析（$D=L \cdot E \cdot C$）				危险程度
					L	E	C	D	
加热炉	导热油加热炉	运动物体伤害	利用防爆门后部的观火孔观火时，防爆门突然开启造成物体打击	避免靠近防爆门上盖，防止防爆门突然开启时伤人	3	6	7	126	显著危险
		加热盘管缺陷	（1）加热炉停炉后，炉膛温度未降至环境温度，关闭进出流程，易造成爆管事故。 （2）炉管结焦可导致炉管内径变小，阻力增大，炉管压力升高，可引发炉管爆裂事故。 （3）意外停电、停泵或物料系统发生故障，炉管内物料停止流动或流速过慢，可引发炉管烧穿、破裂。炉管腐蚀、磨蚀，压力过高等可造成炉管破裂，引发炉膛着火，若处置不当可引发炉膛、炉管爆炸	（1）加热炉停炉后，保证炉膛温度降至环境温度，再关闭进出流程。 （2）加强日常检查，防止炉管结焦发生或及时处理。 （3）意外停电、停泵或物料系统发生故障，应启动应急预案进行事故状态下应急处理	3	6	7	126	显著危险
往复式压缩机组	外输气压缩机、闪蒸气压缩机、稳定气压缩机	润滑油油压突然降低	（1）曲轴箱内润滑油不够。 （2）油泵管路堵塞或破裂。 （3）油压表失灵。 （4）油泵本身或其传动机构有故障	（1）加润滑油。 （2）检修。 （3）更换油压表。 （4）停机修理	3	6	7	126	显著危险
		润滑油油温过高	（1）润滑油太脏。 （2）润滑油储量不足。 （3）润滑油中含水过多而破坏油膜。 （4）运动机构发生故障或摩擦面拉毛，轴瓦配合过紧等。 （5）冷却水量不足或油冷却器堵塞。 （6）油箱加热器失灵	（1）应清洗机身，更换润滑油。 （2）应加润滑油。 （3）更换润滑油。 （4）应停机检修。 （5）调节水量或清洗冷却器。 （6）检修油箱加热器	3	6	7	126	显著危险
		汽缸发热	（1）冷却水中断或不足。 （2）吸、排气阀积炭过多。 （3）汽缸落入杂物。 （4）活塞组件接头或螺母松动。 （5）气阀松动。 （6）气体带液	（1）检查并增加供水。 （2）应停机检修。 （3）应停机检修。 （4）应停机检修。 （5）应停机检修。 （6）加强切液	3	6	7	126	显著危险

续表

单元	设备设施名称	危害或故障	原因分析	处置措施	危险分析 (D = L · E · C)				危险程度
					L	E	C	D	
往复式压缩机组	外输气压缩机、闪蒸气压缩机、稳定气压缩机	压缩机吸、排气阀产生敲击声	(1) 阀片不严或破损。 (2) 弹簧松软。 (3) 阀座故障。 (4) 进气不清洁甚至夹带金属杂物，影响阀片不正常启闭或使其密封面漏气	(1) 停机检修或更换。 (2) 停机检修或更换。 (3) 停机检修。 (4) 停机检查、清扫	3	6	7	126	显著危险
		压缩机带液	压缩机入口分液罐液面超高或满罐，排液不及时	检查气液分离罐液面，尽快将液面降至正常位置	3	6	7	126	显著危险
		排气量不足	(1) 吸、排气阀故障。 (2) 活塞环导向环磨损。 (3) 入口阀门故障。 (4) 填料严重漏气	(1) 停机检修。 (2) 停机检修。 (3) 停机检修。 (4) 停机检查、更换	3	6	7	126	显著危险
		排气压力过高	排气阀、逆止阀阻力大，工艺提压操作	应检查排气阀、逆止阀	3	6	7	126	显著危险
		排气温度过高	(1) 进气温度高。 (2) 排气阀失效，高温气体倒流。 (3) 进气压力低，压缩比大	(1) 调整工艺操作。 (2) 停机检查处理。 (3) 调整系统操作	3	6	7	126	显著危险
螺杆压缩机	空气压缩机	密封不良	缸体结合面、吸排气口法兰、轴密封装置或轴承盖等处密封有缺陷或失效，可导致泄漏	检查、修复或更换密封件	3	6	7	126	显著危险
		润滑油温度过高	油泵损坏、润滑油管道堵塞或泄漏等，润滑油分离不充分或润滑油不符合要求，转子摩擦加剧，造成设备内温度超高，可导致某些润滑油分解甚至引起火灾	检查并保证油泵完好，保证管路畅通，确保润滑油质量合格	3	6	7	126	显著危险
		强度不足	压缩机受压部件机械强度不足或腐蚀造成强度下降，或受外力冲击，在正常的操作压力下也可能引起设备爆裂	加强检查、检测，对发生腐蚀的部件及时修复或更换	3	6	7	126	显著危险
		附件缺陷	(1) 压缩机出口阀被人为误关或堵塞，造成憋压，导致设备爆裂。 (2) 能量调节装置失灵，安全阀堵塞、损坏或定压值过高，导致超压爆裂	(1) 减少及消除人为误操作。 (2) 检查维修能量调节装置及安全阀，确保上述设备好用	3	6	7	126	显著危险

续表

单元	设备设施名称	危害或故障	原因分析	处置措施	危险分析 (D＝L·E·C)				危险程度
					L	E	C	D	
离心泵	凝析油外输泵、导热油循环泵、塔底泵等	不输液或输液很少	(1) 若泵压不高，则可能吸入管道或过滤器阻塞。 (2) 输出管路阻力大。 (3) 管道或叶轮受阻。 (4) 泵及管道没有正确排气灌油。 (5) 管道中有死角形成气堵。 (6) 泵吸入侧真空度高。 (7) 旋转方向不正确。 (8) 转速低。 (9) 叶轮口环与泵体口环磨损。 (10) 输送液体的密度、黏度偏离基本值。 (11) 泵机组调整状态不正确。 (12) 电机只运行于两相状态。 (13) 传输流量低于规定值	(1) 清理过滤器或管道阻塞杂物。 (2) 适当打开泵出口阀，使之达到工作点。 (3) 清洗管道或叶轮流道。 (4) 必要时装入排气阀，或者重新布管。 (5) 检查高位槽（给液槽）液位，必要时进行调节。 (6) 泵进口阀门全部打开。当高液位槽至泵进口阻力过大时，重新布管并检查过滤器。 (7) 调整电机转向。 (8) 提高转速。 (9) 更换已磨损的零件。 (10) 当介质偏离定购参数而发生故障时，需与厂家联系解决。 (11) 按照说明重新调整。 (12) 检查电缆的连接或更换保险。 (13) 把传输流量调到规定值	3	6	7	126	显著危险
		泵振动及产生噪声	(1) 管道或叶轮受阻。 (2) 泵及管道没有正确排气灌油。 (3) 泵扬程高于规定扬程。 (4) 泵机组调整状态不正确。 (5) 泵承受外力过大。 (6) 联轴器不同心或间距未达规定尺寸。 (7) 轴承损坏。 (8) 传输流量低于规定值	(1) 清洗管道或叶轮流道。 (2) 必要时装入排气阀，或者重新布管。 (3) 调节泵出口阀，使之达到工作点。 (4) 按照说明重新调整。 (5) 检查管道的连接和支撑。 (6) 进行调节。 (7) 更换轴承。 (8) 把传输流量调到规定值	3	6	7	126	显著危险
		流量、扬程低于设计值	(1) 管道或叶轮受阻。 (2) 泵及管道没有正确排气灌油。 (3) 管道中有死角形成气堵。 (4) 泵吸入侧真空度高。 (5) 电机只运行于两相状态	(1) 清洗管道或叶轮流道。 (2) 必要时装入排气阀，或者重新布管。 (3) 检查高位槽（给液槽）液位，必要时进行调节。 (4) 泵进口阀门全部打开。当高液位槽至泵进口阻力过大时，重新布管。检查过滤器。 (5) 检查电缆的连接或更换保险	3	6	3	54	可能危险

续表

单元	设备设施名称	危害或故障	原因分析	处置措施	危险分析（$D = L \cdot E \cdot C$）				危险程度
					L	E	C	D	
离心泵	凝析油外输泵、导热油循环泵、塔底泵等	油泵消耗功率过大	（1）排量超出额定排量。 （2）输送液体的密度、黏度偏离基本值。 （3）转数过高。 （4）联轴器不同心或间距未达规定尺寸。 （5）电机电压不稳定。 （6）轴承损坏。 （7）泵内有异物混入，出现卡死。 （8）泵传输量过大。 （9）填料压盖太紧，填料盒发热。 （10）泵轴窜量过大，叶轮与入口密封环发生摩擦。 （11）轴心线偏移。 （12）零件卡住	（1）调节泵出口阀，使之达到工作点。 （2）当介质偏离定购参数而发生故障时，需与厂家联系解决。 （3）降低转数。 （4）进行调节。 （5）采用稳定电压。 （6）更换轴承。 （7）清除泵内异物。 （8）关小出口阀门。 （9）调节填料压盖的松紧度。 （10）调整轴向窜量。 （11）找正轴心线。 （12）检查、处理	3	6	3	54	可能危险
		油泵发热或不转动	（1）泵及管道没有正确排气灌油。 （2）旋转方向不正确。 （3）联轴器不同心或间距未达规定尺寸。 （4）轴承损坏。 （5）泵内有异物混入，出现卡死。 （6）传输流量低于规定值	（1）必要时装入排气阀，或者重新布管。 （2）调整电机转向。 （3）进行调节。 （4）更换轴承。 （5）清除泵内异物。 （6）把传输流量调到规定值	3	6	7	126	显著危险
		轴承温度过高	（1）泵承受外力过大。 （2）轴承腔体润滑油（脂）过少。 （3）联轴器不同心或间距未达规定尺寸	（1）检查管道的连接和支撑。 （2）补充润滑油（脂）。 （3）调整泵与电机同心度	3	6	3	54	可能危险
		填料密封不良	（1）填料没有装够应有的圈数。 （2）填料的装填方法不正确。 （3）使用填料的品种或规格不当。 （4）填料压盖没有紧。 （5）存在吃"填料"现象	（1）加装填料。 （2）重新装填料。 （3）更换填料，重新安装。 （4）适当拧紧压盖螺母。 （5）减小径向间隙	3	6	3	54	可能危险
		机械密封不良	（1）冷却水不足或堵塞。 （2）弹簧压力不足。 （3）密封面被划伤。 （4）密封元件材质选用不当	（1）清洗冷却水管，加大冷却水量。 （2）调整或更换。 （3）研磨密封面。 （4）更换为耐腐蚀性较好的材质	3	6	3	54	可能危险

单元	设备设施名称	危害或故障	原因分析	处置措施	危险分析 $(D=L \cdot E \cdot C)$				危险程度
					L	E	C	D	
离心泵	凝析油外输泵、导热油循环泵、塔底泵等	(1) 泵内发出异常的声响。(2) 泵发生剧烈振动。(3) 泵突然不排液。(4) 电流超过额定值持续不降	需专业维修人员处理	紧急停泵	3	6	7	126	显著危险
螺杆泵	凝析油倒罐泵	泵不吸液或流量小	(1) 进口管道漏气或有堵塞物,真空度达不到要求。(2) 进口过滤网过流面积过小或有堵塞物。(3) 安全阀内有杂物,提前开启,弹簧疲劳损坏。(4) 泵密封损坏,进口漏气。(5) 泵体孔与螺杆部分间隙过大。(6) 旋转方向不对。(7) 介质黏度过高。(8) 转动定子损坏或转动部分损坏。(9) 转速太低	(1) 检查清洗进口管道,更换密封垫片,拧紧法兰螺栓。(2) 清洗过滤网或更换过滤网。(3) 清洗安全阀内腔或更换弹簧,重新调整开启压力。(4) 更换密封件。(5) 更换螺杆或泵体。(6) 调整转向。(7) 稀释料液。(8) 检查、更换。(9) 调整转速	3	6	7	126	显著危险
		泵产生异常噪声、冒烟、突然停机、电机过载、轴承齿轮箱温度过高	(1) 轴承损坏,造成主、从动螺杆与泵体孔碰撞。泵腔进入杂物致使电机突然停机。(2) 齿轮磨损严重,破坏螺杆定位间隙。(3) 泵与电机安装同轴度、等高误差超标。(4) 泵、电机与机座连接固定螺栓未拧紧	(1) 更换轴承,清理泵腔内杂物,修复由杂物引起的各种缺陷。(2) 更换齿轮,重新定位。(3) 重新调整同轴度、等高误差。(4) 拧紧固定螺栓	3	6	7	126	显著危险
		泵不能启动	(1) 新泵定转子配合过紧。(2) 电压过低。(3) 介质黏度过高	(1) 用工具转动几圈。(2) 调压。(3) 稀释料液	3	6	7	126	显著危险
		压力达不到要求	转子、定子磨损	更换转子、定子	3	6	3	54	可能危险

单元	设备设施名称	危害或故障	原因分析	处置措施	L	E	C	D	危险程度
螺杆泵	凝析油倒罐泵	电机过热	(1) 电机故障。 (2) 泵出口压力过高，电机超载。 (3) 电机轴承损坏	(1) 检查电机并排除故障。 (2) 改变出口阀门开启度，调整压力。 (3) 更换损坏件	3	6	7	126	显著危险
		流量压力急剧下降	(1) 管路突然堵塞或泄漏。 (2) 定子磨损严重。 (3) 液体黏度突然改变。 (4) 电压突然下降	(1) 排除堵塞或密封管路。 (2) 更换定子橡胶。 (3) 改变液体黏度或电机功率。 (4) 调压	3	6	7	126	显著危险
		密封不良	软填料磨损	压紧或更换填料	3	6	3	54	可能危险
隔膜泵	甲醇注入泵	压力升高	(1) 压力调节阀调节不当。 (2) 压力调节阀失灵。 (3) 压力表失灵	(1) 调节压力调节阀至所需压力。 (2) 维修压力调节阀。 (3) 检验或更换压力表	3	6	7	126	显著危险
		压力下降	(1) 补油阀补油不足。 (2) 进料不足或进料阀泄漏。 (3) 柱塞密封漏油。 (4) 储油箱油面太低。 (5) 泵体泄漏或膜片损坏	(1) 检修补油阀。 (2) 检查进料情况及下料阀。 (3) 检修密封部分。 (4) 加注新油。 (5) 检查更换密封垫或膜片	3	6	7	126	显著危险
		流量不足	(1) 进、排料阀泄漏。 (2) 膜片损坏。 (3) 转速太慢，调节失灵	(1) 检修或更换进、排料阀门。 (2) 更换膜片。 (3) 检查流量控制系统调整转速	3	6	3	54	可能危险
		密封不良	(1) 密封垫、密封圈损坏或松动。 (2) 轴损坏	(1) 检修或更换密封垫、密封圈。 (2) 更换	3	6	3	54	可能危险
储罐(凝析油缓冲罐、轻烃储罐)	罐体	强度不够	罐顶强度不够造成泄漏	按标准验收，定期检测	0.2	6	7	8.4	稍有危险
		刚度不够	筒体刚度不够造成变形、破裂、泄漏	定期检测、试压	0.5	6	7	21	可能危险
	附件	防护不当	支撑不当，上下扶梯时防护不当，罐顶护栏防护不当	检查整改，加固支撑，规范作业	0.5	6	4	12	稍有危险
		附件缺陷	呼吸阀缺陷	定期检验，及时更换	1	3	7	21	可能危险
			呼吸阀堵塞	定期检查，及时维修	1	3	7	21	可能危险
			液位计卡堵导致冒罐	检查维修	1	6	7	42	可能危险
			液位计断裂导致刺漏	日常检查，及时更换	0.5	6	40	120	显著危险

续表

单元	设备设施名称	危害或故障	原因分析	处置措施	危险分析 $(D = L \cdot E \cdot C)$				危险程度
					L	E	C	D	
储罐（凝析油缓冲罐、轻烃储罐）	附件	防护设施缺陷	安全阀失灵，导致罐体变形、开裂、泄漏	（1）标校。 （2）定期检查、维修。 （3）及时更换	1	6	7	42	可能危险
			避雷装置不合格导致火灾、爆炸	定期检测、维修	1	6	40	240	高度危险
			静电接地失灵导致火灾、爆炸	定期检测、维修	1	1	7	7	稍有危险
		耐腐蚀性差	加热盘管破裂	平稳操作，对管道定期进行腐蚀检测	1	6	15	90	显著危险
	进出口阀	设备缺陷	（1）法兰密封不良。 （2）阀体缺陷。 （3）填料缺少	（1）检查，及时更换密封垫。 （2）检查，及时更换。 （3）检查，及时更换填料	1	6	40	240	高度危险
	人孔	设备缺陷	（1）螺栓缺失。 （2）人孔盖密封不严	（1）检查，及时配全。 （2）更换密封垫	1	3	40	120	显著危险
	基础	基础缺陷	基础下沉导致罐体变形、开裂、泄漏	检查，及时维修	1	6	7	42	可能危险

表 6.4.2 油气处理厂主要生产岗位常见操作或故障危害因素分析表

岗位	操作或故障	常见操作步骤及危害	控制消减措施
塔设备岗（脱乙烷塔、脱丁烷塔、脱戊烷塔、凝析油稳定塔等）	开工准备	（1）升温太快。 （2）空冷风机未打开或未打开喷淋水。 （3）塔顶采出系统未改通流程。 （4）串入瓦斯、C_2、不凝气等组分	（1）可适当降低升温速度，并调节压控阀降低压力。 （2）应立即启动空冷，启动水泵打喷淋。 （3）要认真检查改通流程。 （4）打开高瓦或低瓦，将轻组分排除
	运行过程	（1）塔底升温速度太快造成超压。 （2）塔底温控失灵造成超压。 （3）塔顶回流控制阀失灵造成超压。塔压控失灵造成超压。 （4）进料量增大、组分变轻或乙烷含量高造成超压。 （5）回流罐压控失灵造成超压。 （6）冷后温度高造成超压	（1）降低塔底温度。 （2）温控改用副线控制，联系仪表维护人员处理，必要时先关掉重沸器蒸汽，降温放压，当温度、压力降低后再恢复正常生产。 （3）可改副线控制，联系仪表维护人员处理。 （4）降低进料量，调整前塔操作，不凝气排空。 （5）改副线控制，联系仪表维护人员处理。 （6）加大冷却能力，冷却能力不足时减量生产

岗位	操作或故障	常见操作步骤及危害	控制消减措施
塔设备岗（脱乙烷塔、脱丁烷塔、脱戊烷塔、凝析油稳定塔等）	运行过程（安全阀起跳）	运行中发生超压造成安全阀起跳	(1) 立即进行现场检查并采取降压措施。 (2) 如果压力降至正常范围，安全阀复位，立即恢复维持正常操作，如果安全阀不复位，应关闭安全阀前手阀，使安全阀复位，同时尽快更换备用安全阀。 (3) 如果压力未降至正常范围，打开安全阀副线，根据操作情况泄压至指标范围。 (4) 当安全阀泄压为液相时，系统压力降低较慢，此时打开安全阀副线泄压，根据操作情况泄压至指标范围，如果安全阀振动大，应关闭安全阀上游阀。 (5) 操作采取快速降压措施，尽快降低系统压力，直至停工，并紧急汇报生产调度现场泄压情况，控制低瓦系统状况
	运行过程（造成进料中断）	(1) 进料泵自动停车。 (2) 容器罐压力太低，造成进料泵抽空	(1) 立即启动备用泵。 (2) 原料太少或中断时，应立即联系上游送料，同时适当加大回流量，维持塔的温度、压力、液面，进行自循环。当原料恢复时，改进料转入正常生产
	运行过程（塔回流中断）	(1) 回流泵自动停车或故障造成回流中断。 (2) 回流罐液面过低或空罐，导致回流泵抽空。 (3) 背压低造成流量回零	(1) 立即开备用泵，若两台泵都坏，要进行停工处理。 (2) 关闭泵出口停泵，注意调节塔顶温度和压力，防止压力突然上升，并适当开大空冷风机的转速和喷淋水量，增加塔顶空冷效果，当回流罐有液面时，开启回流泵先恢复顶回流。液面正常后，产品经不合格线送至罐区，待产品合格后恢复正常生产。 (3) 提高冷后温度或开补压线提高背压，也可临时开大压控补压，恢复正常后，再调整塔压正常
	运行过程（满塔或空塔）	一般是因为指示假液面，误认为正常液面引起的，或是因为较长时间没有检查引起的。塔液面满后，在操作中明显的特点是提不起塔底温度。如果是整个塔系统（包括回流罐）全部装满，就会引起系统压力突然上升，这种情况是非常危险的。所以，当发现塔底液面满后要及时处理	(1) 停止进料或降量。 (2) 开大塔底排出及塔顶产品外甩量。 空塔处理方法： 减少塔底排出量或关死排出阀，待液面正常后，操作即可转入正常
	运行过程（装置停水）	(1) 循环水停水：装置停水后，各冷却器及冷凝器冷却水停水，冷后温度升高，塔压上升。 (2) 停软化水：各塔顶湿式空冷夏季采用软化水作喷淋，夏季停软化水后，冷后温度升高，塔压上升	(1) 此时应停止进料，停止各产品的抽出，各塔维持自身循环，进行紧急停工处理，查出停水原因，待来水后恢复操作。 (2) 此时各塔应按降量维持生产的方案进行，即降进料量，降回流比，降塔底重沸器蒸汽量，在保证塔压不超标的情况下尽量维持生产
	设备区巡检	劳动保护设施缺失或有缺陷，可引发高处坠落等危害	做好劳动保护，防止高处坠落
	运行检查（阀体和阀盖连接处渗漏）	(1) 螺栓松动。 (2) 垫片损坏	(1) 适当拧紧。 (2) 更换垫片

岗位	操作或故障	常见操作步骤及危害	控制消减措施
热媒油炉岗	检查准备	(1) 炉管、弯头及焊口有变形或缺陷，点炉时发生油品泄漏造成加热炉化学性爆炸。 (2) 各密封部位和连接件松动，点炉后火焰外泄，引发火灾事故。 (3) 人孔、看火孔、防爆门等连接部位未关闭或连接松动，易发生人孔、看火孔、防爆门崩开，引发火灾或物体打击事故。 (4) 供气流程不畅，阀门不灵活，供气压力不在正常范围内，引发设备事故。 (5) 仪表未经校验或者超过有效期，发生指示仪表不准，加热炉超压、超温运行引发物理性爆炸。 (6) 电压过高或过低，运行时损坏用电设备。 (7) 烟道挡板开关不灵活或未打开，炉内有余气，点火后发生炉膛化学性爆炸。 (8) 紧急放空系统和各阀门不灵活，一旦发生炉膛着火，处理不及时就会引发化学性爆炸事故。 (9) 护栏、梯子等设施松动，引发高处坠落事故	(1) 检查各密封部位是否渗漏。 (2) 检查各紧固件。 (3) 检查人孔、看火孔、防爆门等连接部位是否关闭并连接紧固。 (4) 检查供气流程是否畅通，阀门是否灵活，供气压力是否在正常范围内。 (5) 检查各指示仪表是否经过校验并在有效期内。 (6) 检查电源电压是否在规定范围内。 (7) 检查烟道挡板开关是否灵活并将其打开进行通风。 (8) 检查紧急放空系统各阀门是否灵活好用。 (9) 检查护栏、梯子等各项设施是否牢固
	加热炉启炉	(1) 未倒通相关工艺流程，易发生不能启炉或炉管干烧变形，引发设备事故。 (2) 未进行强制通风或通风时间不够，炉内有余气，引发化学性爆炸及物体打击事故。 (3) 开关阀门时未侧身，引发物体打击事故。 (4) 检测不正常时，未根据指示做好检查与整改，擅自更改程序设置，违章点火，引发化学性爆炸事故。 (5) 运行时未进行严格生产监控、巡检和维护，以至于不能及时发现和处理异常，引发爆炸或污染事故。 (6) 相关岗位信息沟通不及时、不准确，发生设备事故。未进行有效排气，达不到真空度，进液介质温度达不到生产要求	(1) 倒通相关工艺流程。 (2) 进行强制通风，检查炉内无余气后按操作规程要求启动操作。 (3) 侧身关闭阀门，防止发生物体打击事故。 (4) 检测不正常时应查找原因并整改，不得擅自更改程序设置，违章点火。 (5) 启炉后，要定时检查加热炉运行状况，发现异常情况及时处理。 (6) 做好上下游相关岗位信息沟通
污水处理岗（凝析油采出水）	过滤器启运	(1) 打开阀门时未侧身，引发物体打击事故。 (2) 阀门开启顺序不当导致设备憋压，引发设备事故。 (3) 启泵时未按照规程执行，烧毁电动机或引发电气火灾	(1) 打开阀门时应侧身，规范操作。 (2) 按操作规程规范操作
	过滤器反冲洗	(1) 打开阀门时未侧身，引发物体打击事故。 (2) 阀门开启顺序不当导致设备憋压，引发设备事故。 (3) 启泵时未按照规程执行，烧毁电动机或引发电气火灾。 (4) 反冲洗强度控制不好，造成处理水质不合格	(1) 打开阀门时应侧身，规范操作。 (2) 按操作规程规范操作。 (3) 按操作规程规范操作。 (4) 首先进行收油操作，停止收油后，按反冲洗操作规程启动反冲洗泵，进行反冲洗操作。反冲洗后要确认水质处理合格后，倒回正常进出流程，否则继续进行反冲洗操作

岗位	操作或故障	常见操作步骤及危害	控制消减措施
污水处理岗（凝析油采出水）	过滤器停运	（1）打开阀门时未侧身，引发物体打击事故。 （2）设备检修未及时通风，人员进入易引发中毒	（1）打开阀门时应侧身，规范操作。 （2）首先进行排油操作。油排净后，对过滤器进行排污，待过滤罐排空后，关闭过滤罐排污阀。若进行维修，打开人孔进行通风
低压电维护	维修电工操作	（1）未取得操作资格证书上岗操作，易发生触电事故。 （2）未正确使用检验合格的绝缘工具、用具，未正确穿戴经检验合格的劳动防护用品，易发生触电事故。 （3）使用未经检验合格的绝缘工具、用具，穿戴未经检验合格的劳动防护用品，易发生触电事故。 （4）装设临时用电设施未办理作业票，未按作业票落实相关措施，易发生触电事故。 （5）维护保养作业时，未设专人监护，未悬挂警示牌，易发生触电事故。 （6）电气设备发生火灾时，不会正确使用消防器材，易导致事故扩大	（1）电工经培训合格，取得有效操作资格证书，方可上岗。 （2）正确使用检验合格的绝缘工具、用具，正确穿戴经检验合格的劳动防护用品。 （3）禁止使用未经检验合格的绝缘工具、用具，禁止穿戴未经检验合格的劳动防护用品。 （4）装设临时用电设施必须办理作业票，落实相关措施。 （5）维护保养作业时，设专人监护，悬挂警示牌。 （6）会正确使用消防器材
化验岗	化验准备	（1）未开启通风设备或未关闭通风橱，室内油气浓度超标，引发中毒及化学性爆炸事故。 （2）化验器皿不清洁、不干燥，试剂、溶液变质，造成化验过程突沸跑油，引发化验室火灾事故	（1）开启通风设备。 （2）检查化验器皿应清洁、干燥，试剂、溶液等质量符合要求
	化验操作	（1）操作时，精力不集中，操作不规范造成化验过程突沸跑油，引发实验室火灾事故。 （2）不开风机或排风扇，油气浓度过高造成中毒及化学性爆炸事故。 （3）化验结束，如记录错误、写错报告、未通知或通知错误，造成化验结果错误	（1）按照油品分析相关规程操作，操作时精力集中，随时观测、记录化验数据。 （2）打开风机或排风扇。 （3）关闭通风设备，切断电源，清洗、干燥器具，妥善存放。做好记录，写出化验报告，通知相关作业人员
消防岗	检查准备	（1）未检查电压表读数，电压过高、过低或缺相，易造成配电系统故障，严重的会烧毁电动机。 （2）电动机接地松动、断裂，引发触电事故。 （3）联轴器连接不紧固、不同心，紧固件松动，易引发设备事故。 （4）缺润滑油或油质不合格，长期运行轴承温度高于限值，引发设备事故。 （5）不盘车启泵，易烧毁电机。 （6）联轴器护罩缺失易引发机械伤害事故。 （7）阀门开关不灵活或开关时未侧身，易引发物体打击事故。	（1）检查电压是否正常且在规定范围内，检查系统是否处于正常供电状态。 （2）检查电动机接地是否良好。 （3）检查联轴器连接是否紧固、同心，检查各紧固件是否牢固。 （4）检查油质、油位是否合格。 （5）检查盘车转动是否灵活、无卡阻。 （6）联轴器加护罩并完好牢固。 （7）检查阀门并侧身操作。

岗位	操作或故障	常见操作步骤及危害	控制消减措施
消防岗	检查准备	(8) 消防管道渗漏，阀门漏水，水压达不到射程要求。 (9) 消防栓开关不灵活，贻误灭火时机。 (10) 消防水罐出口阀门常闭，在灭火时打不开阀门，贻误灭火时机。 (11) 泵出口阀门常开，启泵时造成启动负荷较大，容易烧毁电动机等设备。 (12) 泡沫比例混合器手柄指针不在标定的数值内，出泡沫液达不到混合比例，起不到灭火作用。泡沫液储量不足，无法继续灭火	(8) 检查管路密封是否完好。 (9) 检查消防栓开关是否灵活。 (10) 检查是否保持消防水罐水位高度及出口阀门常开。 (11) 检查泵出口阀门是否常闭状态。 (12) 检查泡沫罐内泡沫液是否保持饱和有效状态
	出水作业	(1) 启动泵机组后，未打开内循环阀门，在消防栓未打开情况下，造成管道憋压刺漏。 (2) 与现场指挥人员联系不畅，操作压力不稳，影响灭火	(1) 启动消防泵机组，打开内循环阀门，开启泵出水阀门，迅速调整内循环阀门，调整压力达到规定值。 (2) 与现场指挥人员保持通信畅通，随时调整压力
	出水结束	作业完毕后，阀门没有恢复启动前的状态，影响下次灭火操作	出水结束，停泵，关闭出水阀门
	出泡沫作业	(1) 启动泡沫泵机组后，未打开内循环阀门，在泡沫罐进出口阀门、消防栓未打开情况下，造成泡沫罐、管道憋压刺漏。 (2) 泡沫比例混合器手柄指针不在标定数值内，起不到灭火作用。 (3) 未及时关闭内循环阀门并及时调整压力，达不到泡沫射程要求	(1) 启动泡沫泵机组，打开内循环阀门，开启泡沫罐出口阀门。 (2) 确认泡沫比例混合器手柄指针在标定数值内。 (3) 开启泡沫罐出口阀门，迅速关闭内循环阀门，使压力达到规定值。与现场指挥人员保持通信畅通，随时调整压力
	出泡沫结束	(1) 管道出泡沫液后未清洗管道，造成腐蚀、堵塞。 (2) 作业完毕后，阀门没有恢复启动前的状态，影响下次灭火操作	(1) 关闭泡沫罐进水、出液阀。清洗泡沫管道。 (2) 停泵作业完毕，阀门恢复启动前的状态，清理现场

第五节　油气转运站生产岗位危害识别

一、油气转运站简介

以英买作业区油气转运站为例。油气转运站主要包括 CNG 加、卸站和轻烃装车、混烃卸车四部分内容。油气转运站毗邻油气处理厂建设，单独成区。

（一）油气转运站岗位设置

油气转运站岗位设置如图6.5.1所示。

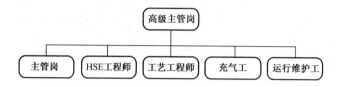

图6.5.1　油气转运站岗位设置示意图

（二）油气转运站生产流程

（1）CNG加气流程如图6.5.2所示。

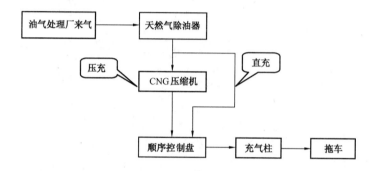

图6.5.2　CNG加气流程

（2）CNG卸气流程如图6.5.3所示。

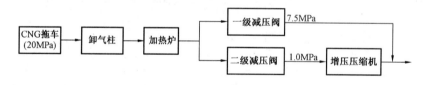

图6.5.3　CNG卸气流程

（3）轻烃装车流程如图6.5.4所示。

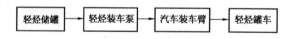

图6.5.4　轻烃装车流程

（4）混烃卸车流程如图6.5.5所示。

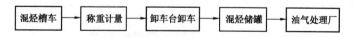

图6.5.5　混烃卸车流程

二、生产岗位危害识别

油气转运站主要包括 CNG 加、卸站和轻烃装车、混烃卸车四部分内容。

主要设备设施有压缩机、天然气除油器、加热炉、混烃储罐、机泵和装卸车设施等。根据前面介绍的工艺流程，油气转运站主要设备设施的固有危害因素分析见表 6.5.1。

油气转运站主要生产岗位常见的操作或故障危害因素分析见表 6.5.2。

表 6.5.1 油气转运站主要设备设施固有危害因素分析表

单元	设备设施名称	危害或故障	原因分析	处置措施	危险分析 $(D = L \cdot E \cdot C)$				危险程度
					L	E	C	D	
油气分离	天然气除油器	设备缺陷	(1) 电化学腐蚀造成容器或受压元件减薄，承压能力不足。 (2) 应力腐蚀造成容器脆性破裂。 (3) 容器压力超高，岗位人员没有及时打开旁通，引发容器爆裂	(1) 采用防腐层和阴极保护措施并定期检测。 (2) 采用防腐层或缓蚀剂并定期检测。 (3) 岗位人员监测分离器压力情况，当压力高于设计值时，停止计量，改为旁通越站流程	3	6	7	126	显著危险
		附件缺陷	(1) 人孔、排污孔、工艺或仪表开孔等处连接件密封失效，排污孔关闭不严，受压元件腐蚀穿孔等。 (2) 安全阀失效，压力、温度、液位检测仪表失效，可导致系统发生意外事故	(1) 定期检测。巡检人员认真检查，发现异常及时处理。 (2) 加强维护管理，确保系统处于良好的运行状态	3	6	3	54	可能危险
		防护缺陷	防雷防静电设施失效，有可能导致雷击破坏、静电聚集，引发着火或爆炸	定期检测防雷防静电设施，确保完好	3	6	15	270	高度危险
		运动物伤害	带压紧固件，连接件飞出，可造成物体打击伤害	紧固件的螺栓要上紧	3	6	7	126	显著危险
		出口汇管刺漏	(1) 腐蚀。 (2) 高压。 (3) 材质问题	(1) 定期检测。 (2) 巡检人员认真检查，发现异常及时处理。 (3) 按照工况合理选材	3	6	3	54	可能危险
天然气压缩	往复式压缩机（CNG 天然气增压压缩机、CNG 卸气压缩机）	润滑油油压突然降低	(1) 曲轴箱内润滑油不够。 (2) 油泵管路堵塞或破裂。 (3) 油压表失灵。 (4) 油泵本身或其传动机构有故障	(1) 加润滑油。 (2) 检修。 (3) 更换油压表。 (4) 停机修理	3	6	7	126	显著危险

单元	设备设施名称	危害或故障	原因分析	处置措施	危险分析 $(D=L \cdot E \cdot C)$				危险程度
					L	E	C	D	
天然气压缩	往复式压缩机（CNG天然气增压压缩机、CNG卸气压缩机）	润滑油油温过高	（1）润滑油太脏。 （2）润滑油储量不足。 （3）润滑油中含水过多而破坏油膜。 （4）运动机构发生故障或摩擦面拉毛，轴瓦配合过紧等。 （5）冷却水量不足或油冷却器堵塞。 （6）油箱加热器失灵	（1）应清洗机身，更换润滑油。 （2）应增添润滑油。 （3）更换润滑油。 （4）应停机检修。 （5）调节水量或清理冷却器。 （6）检修油箱加热器	3	6	7	126	显著危险
		汽缸过热	（1）冷却水中断或不足。 （2）吸、排气阀积炭过多。 （3）汽缸落入杂物。 （4）活塞组件接头或螺母松动。 （5）气阀松动。 （6）气体带液	（1）检查并增加供水。 （2）应停机检修。 （3）应停机检修。 （4）应停机检修。 （5）应停机检修。 （6）加强切液	3	6	7	126	显著危险
		压缩机吸、排气阀产生敲击声	（1）阀片不严或破损。 （2）弹簧松软。 （3）阀座故障。 （4）进气不清洁甚至夹带金属杂物，影响阀片不正常启闭或使其密封面漏气	（1）停机检修或更换。 （2）停机检修或更换。 （3）停机检修。 （4）停机检查、清扫	3	6	7	126	显著危险
		压缩机带液	压缩机入口分液罐液面超高或满罐，排液不及时	检查气液分离罐液面，尽快将液面降至正常位置	3	6	7	126	显著危险
		排气量不足	（1）吸排气阀故障。 （2）活塞环导向环磨损。 （3）入口阀门故障。 （4）填料严重漏气	（1）停机检修。 （2）停机检修。 （3）停机检修。 （4）停机检查、更换	3	6	7	126	显著危险
		排气压力过高	（1）排气阀、逆止阀阻力大。 （2）工艺上提压操作	应检查排气阀、逆止阀	3	6	7	126	显著危险
		排气温度过高	（1）进气温度高。 （2）排气阀失效，高温气体倒流。 （3）进气压力低，压缩比大	（1）调整工艺操作。 （2）停机检查处理。 （3）调整系统操作	3	6	7	126	显著危险
加热炉	真空加热炉	设备缺陷	设计、制造存在缺陷，导致承压能力不足，可引发设备承压件爆裂事故	加强设计管理，优选设计队伍，严格设计审查	3	6	7	126	显著危险

续表

单元	设备设施名称	危害或故障	原因分析	处置措施	危险分析 ($D = L \cdot E \cdot C$)				危险程度
					L	E	C	D	
加热炉	真空加热炉	耐腐蚀性差	炉膛温度（烟气温度）控制不当，燃料含硫，可加快对流管（烟管）腐蚀穿孔，引发泄漏	定期检查、维修或更换对流管	3	6	3	54	可能危险
		附件缺陷	换热管腐蚀穿孔、爆裂，可引起设备爆裂，并可引发火灾、爆炸事故	检查、维修或更换换热管	3	6	15	270	高度危险
		防护缺陷	火焰突然熄灭，燃料继续供应进入炉膛，燃料蒸发并与空气混合形成爆炸混合物，炉膛高温引发爆炸	确保熄火保护完好	3	6	7	126	显著危险
		密封不良	燃料不能完全燃烧，烟气中含有可燃气体，若炉体不严密致使空气进入烟道，可燃气体与空气形成爆炸混合物，可在烟道内发生爆炸	加强日常检查，确保炉体密封性良好	3	6	7	126	显著危险
		高温物质伤害	（1）设备高温部件裸露，物料泄漏或紧急泄放，可引发人员灼烫伤害。 （2）设备点火、燃烧器参数调整，个体防护缺失或有缺陷，若炉膛回火，易造成灼烫伤害	（1）设备高温部件裸露的部位如果危及操作人员，应加保温材料防护。 （2）加强个体防护，避免造成灼烫伤害	3	6	7	126	显著危险
储罐（混烃储罐）	罐体	强度不够	罐顶强度不够导致破裂、泄漏	按标准验收，定期检测	0.2	6	7	8.4	稍有危险
		刚度不够	刚度不够导致变形、破裂、泄漏	定期检测、试压	0.5	6	7	21	可能危险
	附件	扶梯支撑不当	支撑不当	检查、整改，加固支撑	0.5	6	4	12	稍有危险
		防护不当	上下扶梯时防护不当	规范作业	1	6	4	24	可能危险
			罐顶护栏防护不当	检查、整改	1	6	15	90	显著危险
		附件缺陷（呼吸阀）	（1）呼吸阀缺陷。 （2）呼吸阀堵塞	（1）定期检验，及时更换。 （2）定期检查，及时维修	1	3	7	21	可能危险
		附件缺陷（安全阀）	安全阀失灵	（1）标校。 （2）定期检查、维修。 （3）及时更换	1	3	7	21	可能危险

续表

单元	设备设施名称	危害或故障	原因分析	处置措施	危险分析 ($D = L \cdot E \cdot C$)				危险程度
					L	E	C	D	
储罐（混烃储罐）	附件	附件缺陷（液位计）	（1）液位计卡堵冒罐。 （2）液位计断裂刺漏	（1）检查、维修。 （2）日常检查，及时更换	1	6	7	42	可能危险
		防护缺陷	避雷装置不合格导致火灾、爆炸	定期检测、维修	0.5	6	40	120	显著危险
			静电接地失灵	定期检测、维修	1	6	40	240	高度危险
		管道缺陷	工艺管道腐蚀穿孔	对管道定期进行腐蚀检测	1	1	7	7	稍有危险
机泵	屏蔽泵（稳定轻烃装车泵）	不输液或输液很少	（1）若泵压不高，则可能吸入管道或过滤器阻塞。 （2）输出管路阻力大。 （3）管道或叶轮受阻。 （4）泵及管道没有正确排气灌油。 （5）管道中有死角形成气堵。 （6）泵吸入侧真空度高。 （7）旋转方向不正确。 （8）转速低。 （9）叶轮口环与泵体口环磨损。 （10）输送液体的密度、黏度偏离基本值。 （11）泵机组调整状态不正确。 （12）电机只运行于两相状态。 （13）传输流量低于规定值	（1）清理过滤器或管道阻塞杂物。 （2）适当打开泵出口阀，使之达到工作点。 （3）清洗管道或叶轮流道。 （4）必要时装入排气阀，或者重新布管。 （5）检查高位槽（给液槽）液位，必要时进行调节。 （6）泵进口阀门全部打开。当高液位槽至泵进口阻力过大时，重新布管。检查过滤器。 （7）调整电机转向。 （8）提高转速。 （9）更换已磨损的零件。 （10）当介质偏离定购参数而发生故障时，需与厂家联系解决。 （11）按照说明重新调整。 （12）检查电缆的连接或更换保险。 （13）把传输流量调到规定值	3	6	7	126	显著危险
		泵振动及产生噪声	（1）管道或叶轮受阻。 （2）泵及管道没有正确排气灌油。 （3）泵扬程高于规定扬程。 （4）泵机组调整状态不正确。 （5）泵承受外力过大。 （6）联轴器不同心或间距未达规定尺寸。 （7）轴承损坏。 （8）传输流量低于规定值	（1）清洗管道或叶轮流道。 （2）必要时装入排气阀，或者重新布管。 （3）调节泵出口阀，使之达到工作点。 （4）按照说明重新调整。 （5）检查管道的连接和支撑。 （6）进行调节。 （7）更换轴承。 （8）把传输流量调到规定值	3	6	7	126	显著危险

单元	设备设施名称	危害或故障	原因分析	处置措施	危险分析 ($D = L \cdot E \cdot C$)				危险程度
					L	E	C	D	
机泵	屏蔽泵（稳定轻烃装车泵）	流量、扬程低于设计值	(1) 管道或叶轮受阻。 (2) 泵及管道没有正确排气灌油。 (3) 管道中有死角形成气堵。 (4) 泵吸入侧真空度高。 (5) 电机只运行于两相状态	(1) 清洗管道或叶轮流道。 (2) 必要时装入排气阀，或者重新布管。 (3) 检查高位槽（给液槽）液位，必要时进行调节。 (4) 泵进口阀门全部打开。当高液位槽至泵进口阻力过大时，重新布管。检查过滤器。 (5) 检查电缆连接或更换保险	3	6	3	54	可能危险
		油泵消耗功率过大	(1) 排量超出额定排量。 (2) 输送液体的密度、黏度偏离基本值。 (3) 转数过高。 (4) 联轴器不同心或间距未达规定尺寸。 (5) 电机电压不稳定。 (6) 轴承损坏。 (7) 泵内有异物混入，出现卡死。 (8) 泵传输量过大。 (9) 填料压盖太紧，填料盒发热。 (10) 泵轴窜量过大，叶轮与入口密封环发生摩擦。 (11) 轴心线偏移。 (12) 零件卡住	(1) 调节泵出口阀，使之达到工作点。 (2) 当介质偏离定购参数而发生故障时，需与厂家联系解决。 (3) 降低转数。 (4) 进行调节。 (5) 采用稳定电压。 (6) 更换轴承。 (7) 清除泵内异物。 (8) 关小出口阀门。 (9) 调节填料压盖的松紧度。 (10) 调整轴向窜量。 (11) 找正轴心线。 (12) 检查、处理	3	6	3	54	可能危险
		油泵过热或不转动	(1) 泵及管道没有正确排气灌油。 (2) 旋转方向不正确。 (3) 联轴器不同心或间距未达规定尺寸。 (4) 轴承损坏。 (5) 泵内有异物混入，出现卡死。 (6) 传输流量低于规定值	(1) 必要时装入排气阀，或者重新布管。 (2) 调整电机转向。 (3) 进行调节。 (4) 更换轴承。 (5) 清除泵内异物。 (6) 把传输流量调到规定值	3	6	7	126	显著危险
		轴承温度过高	(1) 泵承受外力过大。 (2) 轴承腔体润滑油（脂）过少。 (3) 联轴器不同心或间距未达规定尺寸	(1) 检查管道的连接和支撑。 (2) 补充润滑油（脂）。 (3) 调整泵与电机同心度	3	6	3	54	可能危险

续表

单元	设备设施名称	危害或故障	原因分析	处置措施	危险分析 (D = L · E · C)				危险程度
					L	E	C	D	
机泵	屏蔽泵（稳定轻烃装车泵）	填料密封泄漏过大	(1) 填料没有装够应有的圈数。 (2) 填料的装填方法不正确。 (3) 使用填料的品种或规格不当。 (4) 填料压盖没有紧。 (5) 存在吃"填料"现象	(1) 加装填料。 (2) 重新装填料。 (3) 更换填料，重新安装。 (4) 适当拧紧压盖螺母。 (5) 减小径向间隙	3	6	3	54	可能危险
		机械密封泄漏量过大	(1) 冷却水不足或堵塞。 (2) 弹簧压力不足。 (3) 密封面被划伤。 (4) 密封元件材质选用不当	(1) 清洗冷却水管，加大冷却水量。 (2) 调整或更换。 (3) 研磨密封面。 (4) 更换为耐腐蚀性较好的材质	3	6	3	54	可能危险
		(1) 泵内发出异常的声响。 (2) 泵发生剧烈振动。 (3) 泵突然不排液。 (4) 电流超过额定值持续不降	需专业维修人员处理	紧急停泵	3	6	7	126	显著危险
卸油台	混烃卸车台	溢油	油罐车装油过量	装油高度必须符合规定要求，不得超装	3	6	7	126	显著危险
		密封不良	(1) 配套附件的螺栓松动。 (2) 量油孔密封垫破损	加强日常检查及定期检定，确保配套附件完好	3	6	3	54	可能危险
		明火	存在点火源（静电、其他点火源）	(1) 卸油过程中，岗位人员严格执行操作规程。 (2) 消除人体静电，油罐车静电接地完好，使用防爆工具等	3	6	15	270	高度危险
		防护缺陷	卸油过程中跑、冒油，油气浓度高危及岗位人员	岗位人员佩戴个体防护用品	3	6	3	54	可能危险

表 6.5.2 油气转运站主要生产岗位常见操作或故障危害因素分析表

岗位	操作或故障	常见操作步骤及危害	控制消减措施
充装工（烃泵常见故障）	无压差	(1) 电机转向不对。 (2) 叶片不动作	(1) 核对电机转向。 (2) 缓慢关闭旁通阀仍不升压，则拆泵检查叶片是否卡住，清洗转子槽及过滤器
	压差达不到0.5MPa	(1) 皮带过松。 (2) 安全阀启动压力低。 (3) 泵内泄漏损失大。 (4) 机械密封漏液	(1) 调整皮带松紧度。 (2) 按规定调校安全阀的开启压力。 (3) 更换磨损的叶片、转子、定子或侧板。 (4) 更换机械密封
	振动和噪声过大	(1) 泵内气相过多。 (2) 轴承磨损。 (3) 定子曲线磨损过大。 (4) 溢流阀或出口阀损坏	(1) 排气。 (2) 更换轴承。 (3) 更换内套。 (4) 更换阀门
	密封装置泄漏	(1) 气相过多。 (2) 轴承损坏。 (3) 装配有误	(1) 排气。 (2) 更换轴承。 (3) 检查密封面有无碰伤，防转销是否过长，各配合间隙是否正确
加热炉岗	真空加热炉启炉	(1) 未进行强制通风或通风时间不够，炉内有余气，引发化学性爆炸及人身伤害事故。 (2) 开关阀门时未侧身，引发物体打击事故。 (3) 检测不正常时，擅自更改程序设置，违章点火，引发化学性爆炸事故。 (4) 运行时未进行严格生产监控、巡检和维护，以至于不能及时发现和处理异常，引发火灾、爆炸或污染事故。 (5) 相关岗位信息沟通不及时、不准确，发生设备事故。 (6) 未进行有效排气，达不到真空度，进液介质温度达不到生产要求。 (7) 巡检过程中人体正对防爆门，一旦防爆门开启造成物体打击事故	(1) 进行强制通风，检查炉内无余气后按启动按钮。 (2) 侧身关闭阀门，防止发生物体打击事故。 (3) 检测不正常时，应根据操作规程做好检查与整改。 (4) 启运后，要及时检查加热炉运行状况。 (5) 做好上下游相关岗位信息沟通。 (6) 待锅筒温度达到90℃后，打开上部排气阀，排气5～10min关闭排气阀，加热炉进行正常生产操作。 (7) 巡检过程要避免正对防爆门
	真空加热炉停炉	(1) 停炉后进出口温度或锅筒温度过低，造成炉内盘管原油凝结火锅炉水冻堵事故。 (2) 停炉后直接关闭进出口阀门，造成炉膛内温度过高，锅筒内压力超压发生物理性爆炸	(1) 按停炉操作规程停炉，继续保持介质流动。 (2) 若冬季长时间停炉，必须放空炉水或定期启炉确保炉水温度符合规定值

续表

岗位	操作或故障	常见操作步骤及危害	控制消减措施
低压电维护	维修电工操作	(1) 未取得操作资格证书上岗操作，易发生触电事故。 (2) 未正确使用检验合格的绝缘工具、用具，未正确穿戴经检验合格的劳动防护用品，易发生触电事故。 (3) 使用未经检验合格的绝缘工具、用具，穿戴未经检验合格的劳动防护用品，易发生触电事故。 (4) 装设临时用电设施未办理作业票，未按作业票落实相关措施，易发生触电事故。 (5) 维护保养作业时，未设专人监护，未悬挂警示牌，易发生触电事故。 (6) 电气设备发生火灾时，不会正确使用消防器材，易导致事故扩大	(1) 电工经培训合格，取得有效操作资格证书，方可上岗。 (2) 正确使用检验合格的绝缘工具、用具，正确穿戴经检验合格的劳动防护用品。 (3) 禁止使用未经检验合格的绝缘工具、用具，禁止穿戴未经检验合格的劳动防护用品。 (4) 装设临时用电设施必须办理作业票，落实相关措施。 (5) 维护保养作业时，设专人监护，悬挂警示牌。 (6) 会正确使用消防器材

参 考 文 献

[1] 王登文. 油田生产安全技术. 北京：中国石化出版社，2003.
[2] 李虞庚，刘良坚，孔昭瑞. 石油安全工程. 北京：石油工业出版社，1991.
[3] 赵铁锤，等. 安全评价. 北京：北京工业出版社，2004.
[4] 龙凤乐. 油田生产安全评价. 北京：石油工业出版社，2005.
[5] 王顺华. 油田开发生产安全技术. 东营：中国石油大学出版社，2009.
[6] 徐志胜. 安全系统工程. 北京：机械工业出版社，2007.
[7] 中华人民共和国国家质量监督检验检疫总局　中国国家标准化管理委员会. GB/T 13861—2009　生产过程危险和有害因素分类与代码［S］. 北京：中国标准出版社，2009.
[8] 中华人民共和国劳动人事部劳力保护局. GB 6441—1986　企业职工伤亡事故分类［S］. 北京：中国标准出版社，1986.